AF546918

MARS

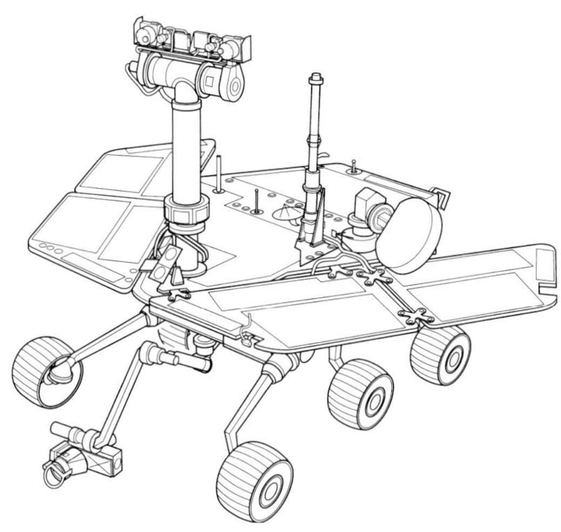

MARS

Die NASA-Missionen zum Roten Planeten

gestern · heute · morgen

Piers Bizony

Mit einer Einleitung von Andrew Chaikin

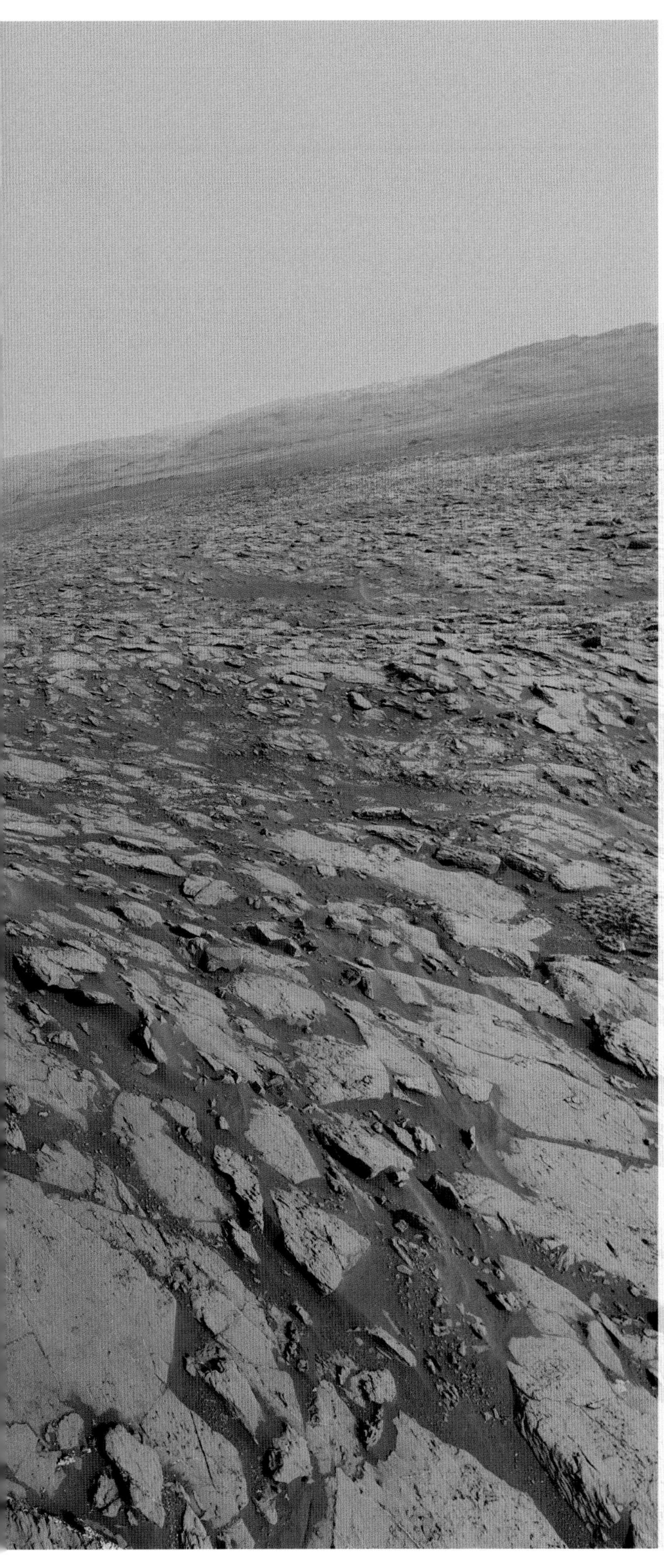

Inhalt

Vorwort

Ich bin ein Kind des Weltraumzeitalters. Als ich zehn Jahre alt wurde, standen die *Apollo*-Astronauten kurz davor, den Mond zu betreten, und die NASA sprach viel über ein Folgeprojekt, eine bemannte Mission zum Mars, die voraussichtlich 1984 stattfinden sollte. Während der gesamten 1970er-Jahre, als die NASA ihr wiederverwendbares Space Shuttle entwickelte, hielt sich der Traum von einer großen Mission zum Mars hartnäckig. In der Erdumlaufbahn würden wir ein riesiges Raumschiff aus kleineren Teilen zusammensetzen, die von Shuttles in den Orbit getragen würden. Dann würde das komplizierte Geflecht aus Astronauten, Antriebssystemen und Wohnmodulen seine Triebwerke zünden und zum Mars aufbrechen ...

Jetzt bin ich kein Kind mehr, und der Mars wartet immer noch auf menschliche Besucher. Aber ich bin nicht beunruhigt. Unsere Generation hat so viele Wunder in der Weltraumforschung erlebt, und wir sollten nicht undankbar sein. Der Mars ist nur eines der vielen Ziele, die noch nicht vollständig erforscht sind. Vor einigen Jahren sagte mir der britische Science-Fiction-Autor Arthur C. Clarke, ich solle mich nicht von dem scheinbar langsamen Tempo der interplanetaren Erforschung durch den Menschen entmutigen lassen. »Wir werden irgendwann zum Mond zurückkehren«, betonte er, »und dann zu den Planeten und darüber hinaus reisen. Das ist unvermeidlich. Historiker in ferner Zukunft werden zweifellos die gegenwärtige Verzögerung von einem halben Jahrhundert bei unseren Plänen für den Weltraum als nichts weiter als vorübergehend betrachten, als einen kurzen Schluckauf in der größeren Spanne der Ereignisse.«

Allerdings ist es frustrierend für mich, dass die »Verzögerung von einem halben Jahrhundert« zufällig mit einem Großteil meines Erwachsenenlebens zusammenfiel – aber ich bin immer noch sehr lebendig, und der Traum, den Mars zu erreichen, ist es auch. In der Tat scheint der Traum näher an der Verwirklichung zu sein als je zuvor, nicht zuletzt aufgrund der Entwicklung neuer Technologien und neuer Wege, die finanziellen und unternehmerischen Aspekte der Raumfahrt anzugehen.

Wie auch immer, in einem sehr realen Sinne haben wir den Mars bereits erreicht – und zwar wiederholt – durch die erstaunlich intelligenten Robotersonden, die schon jetzt den uralten Sand und die Böden dieses mysteriösen Planeten nach Anzeichen von Leben in der Vergangenheit oder Gegenwart absuchen. Ihre hochauflösenden Kameras vermitteln uns den überwältigenden Eindruck, dass der Mars gleich nebenan liegt, so nah, dass wir ihn fast berühren können ... wenn auch vorerst nur mit Roboterarmen und -werkzeugen.

Dieses Buch ist eine für jeden erschließbare, nicht-akademische, sehr visuell ausgerichtete Feier dessen, was wir in Bezug auf die Erforschung des Mars erreicht haben und was wir in den kommenden Jahren noch erreichen könnten. Mein Ziel ist einfach: ein Buch voller inspirierender Bilder zu schaffen, die vielleicht eine winzig kleine Rolle dabei spielen, ein zukünftiges Team von Astronauten, Ingenieuren und Missionskontrolleuren zu ermutigen, den Roten Planeten zu erreichen.

In einem etwas kleineren Rahmen braucht es auch ein großartiges Team, um ein Buchprojekt wie dieses zu realisieren. Ich stehe in der Schuld des Astrophysikers und Wissenschaftsjournalisten Ezzy Pearson, Nachrichtenredakteur des britischen Weltraum- und Astronomiemagazins Sky at Night. Vielen Dank, Ezzy, dass du mir mit vielen Bildunterschriften und vielem mehr geholfen hast. Für eine viel detailliertere Analyse der interplanetaren Erforschung von den Anfängen der Raketentechnik bis zum heutigen Tag empfehle ich jedem Ezzys Buch »Robots in Space: The Secret Lives of Our Planetary Explorers«. Vielen Dank auch an Carter Emmart für wichtige und elegante Illustrationen zu einigen von Robert Zubrin inspirierten Konzepten für »Mars Direct«, einem schlanken und logischen Plan für eine bemannte Mission. Ich bin auch dem brillanten James Vaughan für sensationelle Darstellungen anderer zukünftiger Missionskonzepte dankbar.

Meine treuen Mitarbeiter Pat Rawlings, Paul Hudson, Mike Acs, J. L. Pickering und die Familie des verstorbenen, großartigen Robert McCall waren so großzügig, mir Bilder aus ihren Archiven zur Verfügung zu stellen – aber selbst sie konnten nicht sicher sein, dass sie wichtige Kunstwerke ausfindig machen würden, die viele Jahrzehnte vor der Geburt eines jeden von uns entstanden sind. Ich hatte einen weiteren Verbündeten in Form eines der weltweit dynamischsten Verkäufer von Antiquitäten, Heritage Auctions. Dieses Unternehmen hat eine außergewöhnliche Reihe von Kunstwerken verkauft, die der Nachwelt so leicht verlorengehen: die flüchtigen Beilagen zu längst verschwundenen Büchern über die Erforschung des Weltraums, oder Meisterwerke der Science-Fiction, deren Erstveröffentlichung so lange zurückliegt, dass wir fast vergessen haben, dass es eine Zeit gab, in der solche Bücher noch nicht existierten.

Vor allem möchte ich der NASA, der größten Raumfahrtbehörde der Welt, meinen Dank aussprechen. Wie so oft in der Vergangenheit hat mir die leitende Bildforscherin Connie Moore geholfen, nützliches Material zu finden. Ich sollte auch darauf hinweisen, dass jedes Mal, wenn jemand ein Bild der NASA zuschreibt, dies in Wirklichkeit bedeutet, dass eine ganze Armee von Menschen hinter der Erstellung eines jeden Bildes steht. Mein Dank gilt allen bei der NASA, und ganz besonders dem Jet Propulsion Laboratory (JPL) in Pasadena, Kalifornien. Das JPL, das im Auftrag der NASA vom California Institute of Technology (Caltech) geleitet wird, ist für alle interplanetaren Robotermissionen der NASA zuständig. Die meisten Bilder in diesem Buch stammen aus der beeindruckenden Materialsammlung des JPL.

Und schließlich bin ich dem Wissenschaftsautoren Andrew Chaikin sehr dankbar, dass er sich bereit erklärt hat, ein sehr lesenswertes Einleitungskapitel beizusteuern. Und damit lasst uns loslegen – bis der Rote Planet groß in den Fenstern unserer Vorstellungskraft auftaucht und die Landung naht. ▶I

Piers Bizony

Willkommen auf dem Mars

Eine Einleitung von Andrew Chaikin

Zum ersten Mal hörte ich 1961, als ich fünf Jahre alt war, den Sirenengesang des Mars, der aus den Astronomiebüchern meiner Kindheit zu mir drang. Die Illustrationen in diesen Büchern – die Vorstellungen der Künstler auf der Grundlage des begrenzten Wissens der Astronomen – waren wie magische Portale, die mich in die Tiefen des Weltraums zogen, wo ich die fremden Landschaften anderer Welten bestaunen konnte ...

Jeden Augenblick konnte ich in Richtung Sonne fliegen, vorbei an der wolkenverhangenen Venus, zu den versengten Wüsten des Merkur, die heiß genug sind, um Blei zu schmelzen, oder weiter hinaus, um den riesigen Jupiter mit seinen vielfarbigen Wolkenbändern und seiner Familie von Monden zu sehen. Noch weiter draußen warteten die eleganten Ringe und die Monde des Saturn, und dahinter die kaum bekannten Riesen Uranus und Neptun. Nach dem Umblättern einiger Seiten würde ich schließlich in dem eisigen Reich ankommen, das mehr als 4,8 Milliarden Kilometer von der Sonne entfernt ist, um die eisige, sternenklare Weite von Pluto zu sehen. Für ein weltraumbegeistertes Kind war es ein Wunder, das Sonnensystem als Spielplatz zu haben.

Aber es war der Mars, verlockend nah, mit seinen windgepeitschten Wüsten und geheimnisvollen dunklen Flecken, seinen Staubstürmen und Polkappen, die mich wirklich gefangen nahmen und sich tief in meine Vorstellungskraft eingruben. In meinen Büchern stand, dass er der erdähnlichste Planet sei und dass er trotz seiner dünnen Atmosphäre einfaches pflanzliches Leben beherbergen könnte. Ich wusste nur, dass ich dorthin wollte. Man könnte sagen, ich hatte mich in die Welt nebenan verliebt.

Was ich im Jahr 1961 nicht ahnen konnte, war, dass der Mars in meinen Bilderbüchern immer wieder ersetzt werden würde. Vier Jahre später, in dem Sommer, in dem ich neun Jahre alt wurde, flog eine Raumsonde namens *Mariner 4* an dem Planeten vorbei und schickte 22 Bilder von seiner Oberfläche zurück. Wie seltsam und wundervoll diese Bilder waren, so grob und verpixelt, dass sie kaum Details erkennen ließen, aber das machte sie nur noch verlockender. Es waren die ersten Blicke auf den echten Mars, und es war eine ganz andere Welt als die, über die ich gelesen hatte – ganz und gar nicht erdähnlich, sondern kahl und mondähnlich, mit riesigen Kratern, die vor Äonen durch Kollisionen mit Asteroiden und Kometen entstanden waren. Diese uralte Landschaft, so ergaben die Instrumente von *Mariner*, war in den schwachen Hauch einer Atmosphäre gehüllt, die keinen Schutz vor der tödlichen Strahlung bot. Es gab keine Spur von Wasser, nichts Lebendiges. Über Nacht wurde der Rote Planet, wie der Mars seit langem genannt wurde, in »Toter Planet« umbenannt.

Vier weitere Jahre vergingen, und nun war es der Sommer 1969 – der Sommer von *Apollo 11* – als Neil Armstrong und Buzz Aldrin ihre Fußabdrücke auf dem Mond hinterließen, während ich live im Fernsehen zusah, völlig gebannt. Kaum war *Apollo 11* beendet, rückte der Mars erneut in den Mittelpunkt, als neue und bessere Vorbeiflugbilder von *Mariner 6* und 7 eintrafen. Plötzlich rückte der echte Mars stärker in den Fokus: *Mariner 6* entdeckte mehr Krater, die sich jedoch deutlich von denen auf dem Mond unterschieden – sie sahen flacher aus, als wären sie erodiert – und auch ein seltsames Durcheinander von Bergen und Klippen, das die Wissenschaftler als »chaotisches« Gelände bezeichneten, das weder auf dem Mond noch auf der Erde zu finden war. Und am Südpol fotografierte *Mariner 7* eisbedeckte Krater und maß Temperaturen von fast –129 °C – so niedrig, dass atmosphärisches Kohlendioxid fest gefroren sein musste.

Mit dieser neuen Enthüllung wurde der Mars noch weniger einladend – aber nicht für mich. Das Augustheft 1970 von National Geographic war voll von Bildern eines wunderbaren tschechischen Künstlers namens Ludek Pešek, dessen detaillierte Darstellungen des Mars, die auf den neuesten Bildern basierten, meine Sehnsucht nach dem Mars nur noch verstärkten. Das Zitat eines führenden Astronomen, der die Oberfläche des Planeten als »eine langweilige, uninteressante Landschaft« be-

→ **Einfluss auf junge Köpfe**
John Polgreens Illustration einer Expedition auf Phobos, einem der beiden winzigen Marsmonde. Sie stammt aus dem 1958 erschienenen Buch »Space Travel« des bekannten deutsch-amerikanischen Raumfahrtpopularisators Willy Ley.

zeichnete, nahm ich kaum zur Kenntnis; ich dachte genau das Gegenteil. Und es würde nicht lange dauern, bis jeder – selbst dieser scheinbar enttäuschte Wissenschaftler – herausfinden würde, dass der Mars alles andere als langweilig ist.

Ein geologisches Wunderland

Im Sommer 1971 bekam ich zu meinem 15. Geburtstag ein neues, größeres Teleskop geschenkt, gerade rechtzeitig für die Beobachtung einer der nächsten Annäherungen des Mars im 20. Jahrhundert. Anfang August näherte er sich der Erde bis auf 56,3 Millionen km als hell leuchtende rostfarbene Glut am Nachthimmel. Als ich durch das Okular auf die winzige, rosafarbene Scheibe des Planeten blickte, konnte ich verstehen, warum die Astronomen vor dem Weltraumzeitalter so frustriert waren, als sie versuchten, die Oberfläche des Planeten zu verstehen. Ich konnte die berühmteste dunkle Markierung ausmachen, eine Region namens Syrtis Major und die schwindende südliche Polkappe, aber sonst nicht viel; und ich wusste, dass der Mars selbst mit Teleskopen, die um ein Vielfaches größer waren als meines, ein schwieriges Ziel war. Aber das spielte keine Rolle: Ich sah den Roten Planeten tatsächlich mit eigenen Augen. Mitte Herbst 1971 verschwand der Mars vom Himmel, aber er wurde immer größer für die sich nähernde *Mariner 9*, die als erste Raumsonde eine Umlaufbahn um einen anderen Planeten erreichen sollte. Keine flüchtigen Blicke mehr bei Vorbeiflügen; jetzt würden die Kameras von *Mariner* die gesamte Oberfläche enthüllen.

Als die Raumsonde allerdings Anfang November eintraf, wütete noch immer einer der heftigsten globalen Staubstürme, den Astronomen je registriert hatten, und verbarg den gesamten Planeten unter einem hellen Dunst. Es dauerte Wochen, bis der Sturm abflaute und sich der Staub legte. Als es dann soweit war, bot sich *Mariner 9* ein erstaunlicher Anblick: Vier riesige Vulkane ragten aus den umliegenden Ebenen heraus. Der größte, Olympus Mons genannt, war dreimal so hoch wie der Mount Everest. Der Calderenkomplex auf seinem Gipfel war doppelt so groß wie der Staat Rhode Island; die Basis dieses gigantischen Schildvulkans würde ganz Arizona bedecken. Eine ebenso verblüffende Überraschung lag im Osten, wo sich ein riesiges System von Canyons über mehr als 4023 km erstreckte, ein Viertel des Weges um den Planeten – lang genug, um das Festland der Vereinigten Staaten zu umspannen. Die schiere Größe dieser Merkmale, ins-

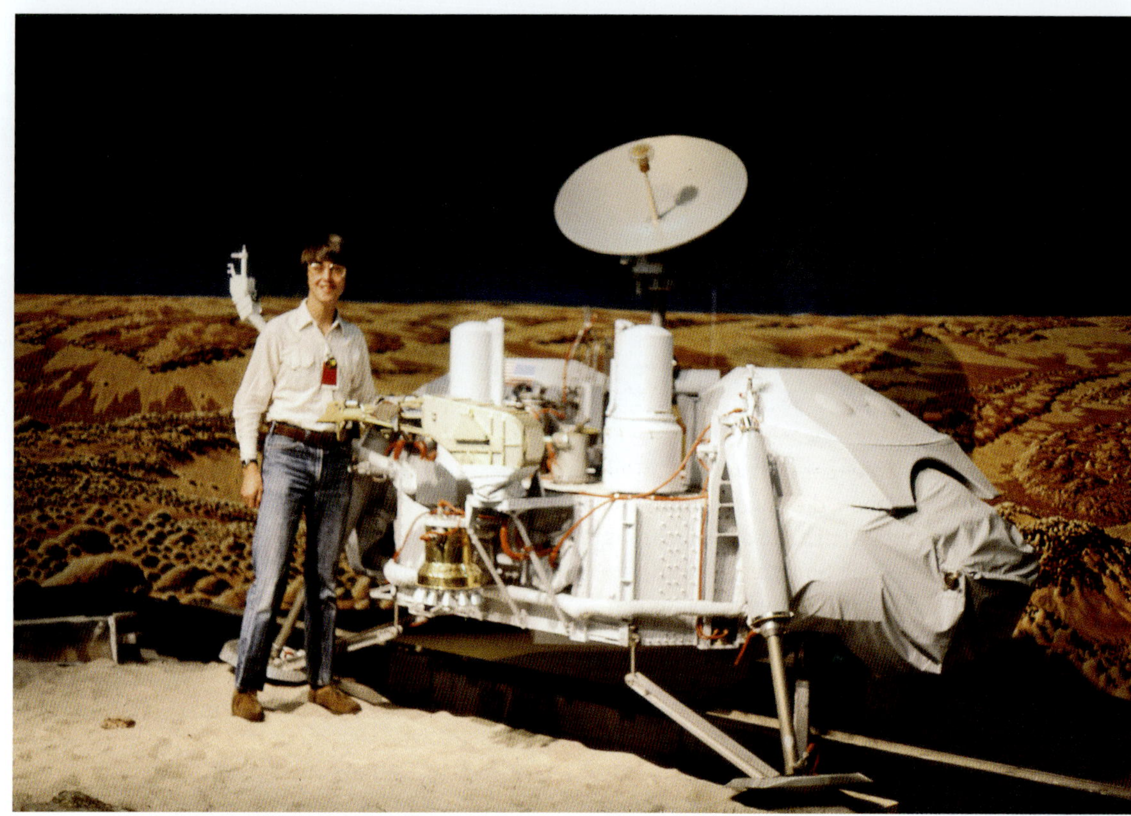

→ **Kosmischer Praktikant**
Andrew Chaikin als Praktikant beim Jet Propulsion Laboratory (JPL) im Jahr 1976, neben dem Prototyp eines *Viking*-Landegeräts.

besondere auf einem Planeten, der nur halb so groß ist wie die Erde, gab den Wissenschaftlern Rätsel auf. Offensichtlich hatten gigantische Kräfte den Mars in seiner fernen Vergangenheit gestaltet. Die Nahaufnahmen von *Mariner 9* deuteten darauf hin, dass einige der Vulkane erst vor relativ kurzer Zeit aktiv gewesen sein könnten, vielleicht »nur« vor Millionen von Jahren.

Doch die verblüffenden Entdeckungen von *Mariner 9* waren damit noch nicht zu Ende. In den 1890er-Jahren war ein wohlhabender Amerikaner namens Percival Lowell von den Beschreibungen des italienischen Astronomen Giovanni Schiaparelli besessen gewesen, die dieser 1877 von linearen Markierungen auf dem Mars gemacht hatte und welche er canali getauft hatte (»Kanäle« auf Italienisch). Lowell, der sich intelligente Marsmenschen vorstellte, die sich um die Bewässerung ihrer Wüstenwelt bemühten, baute im Jahr 1894 ein Observatorium, um seine eigenen Studien über den Planeten durchzuführen. Nun entdeckten die Kameras von *Mariner 9* in einer Art Antwort auf Schiaparelli und Lowell riesige Kanäle, die sich über die Oberfläche schlängeln und deren gewundene Pfade und tropfenförmige Inseln darauf hindeuten, dass sie von gewaltigen Überschwemmungen geformt wurden. Anderswo verzweigten sich Netze feinerer Kanäle zwischen den Kratern, die verräterische Ähnlichkeit mit Entwässerungsrinnen auf der Erde hatten. Hier lag das größte Rätsel von allen: Auf einer Welt, auf der es heute kein flüssiges Wasser geben kann, gestalteten kolossale Wasserausbrüche vor Milliarden von Jahren die Marsoberfläche. Wo dieses Wasser geblieben war und warum sich der Mars so dramatisch verändert hatte, würde noch jahrzehntelang debattiert werden.

Für mich, der ich zu der Zeit in der High School war, glich die Enthüllung des Mars als geologisches Wunderland durch *Mariner 9* einer Art Erwachen. Ich hatte bereits während der Fernsehberichterstattung über die *Apollo*-Missionen Wissenschaftlern aus dem aufstrebenden Gebiet der Planetengeologie zugehört, die über den Mond sprachen.

Jetzt wurde mir klar, dass Planetengeologen diejenigen waren, welche die Offenbarungen von *Mariner 9* entschlüsseln würden. Ich wollte einer von ihnen werden, eine Karriere, von der ich hoffte, dass sie mich dazu bringen würde, meinen Kindheitstraum, Astronaut zu werden, zu erfüllen. Als ich begann, mich für das College zu bewerben, traf ich den Mann, der mein Berater und meine Inspiration werden sollte – ein großer, schlanker Geologieprofessor an der Brown University in Rhode Island namens Thomas Mutch. Es fiel ihm nicht schwer, meinen Enthusiasmus zu spüren, und ich habe immer vermutet, dass die Begegnung mit ihm einer der Gründe war, warum ich an der Brown aufgenommen wurde. Er lud mich sogar ein, an einer Konferenz von Marsforschern teilzunehmen, die während meines Besuchs auf dem Campus stattfand. Was ich noch nicht ahnen konnte, war, dass ich durch ihn die Chance haben würde, an der ersten erfolgreichen Landung auf dem Mars teilzunehmen: Projekt *Viking*.

Der Blick von der Oberfläche

Wie sich herausstellte, war Mutch der Leiter des Viking Lander Imaging Teams, der Gruppe von Wissenschaftlern und Ingenieuren, die für die ersten Aufnahmen der Marsoberfläche verantwortlich waren. Mit Hilfe eines NASA-Kollegen riefen Mutch und sein Teammitglied Carl Sagan, der bald zu einem der berühmtesten Astro-Wissenschaftler der Welt wurde, ein *Viking*-Praktikum für Studenten ins Leben, die mit den Wissenschaftsteams zusammenarbeiten sollten. Ich hatte das Glück, ausgewählt zu werden, und verbrachte den Sommer 1976 im Jet Propulsion Laboratory (JPL) der NASA in Pasadena, Kalifornien.

Einer der unvergesslichen Momente meines Lebens ereignete sich am frühen Morgen des 20. Juli 1976, als *Viking 1* an einem Landeplatz namens Chryse Planitia, der »Goldebene«, aufsetzte. Zusammen mit einigen Geologen des Bildauswertungsteams wartete ich auf die ersten beiden Schwarz-Weiß-Bilder der Landefähre, deren digital kodierte Pixel 19 Minuten brauchten, um eine interplanetare Kluft von mehr als 322 Millionen km zu überwinden. Endlich erschienen die ersten Zeilen eines Bildes auf unseren Monitoren. Die Zeit schien stillzustehen, als das Bild langsam von links nach rechts wuchs, ein Fenster, das sich zu einer fremden Welt öffnete; und jetzt konnten wir deutlich Steine sehen – Steine auf dem Mars, umgeben von feinem Staub, der offenbar von den Bremsraketen des Landers aufgewirbelt worden war.

Als der letzte Teil des Bildes eintraf, sahen wir einen der metallenen Landefüße von *Viking 1* so deutlich, dass man die Nieten zählen konnte. Kaum war das erste Bild vollständig, begann sich ein zweites Bild aufzubauen, diesmal ein Panoramablick auf die Landestelle. Vor uns erstreckte sich ein Feld aus Felsen und Sedimentablagerungen unter einem überraschend hellen Himmel. Am Horizont konnten wir Hügel erkennen, die sich als Ränder nahe gelegener Krater entpuppten. Während der Live-Übertragung der Mission durch das JPL war Mutch meist still gewesen, völlig absorbiert von dem, was er sah. Aber jetzt hörte ich ihn sagen, dass er das Gefühl hatte, von seinem Stuhl aufzustehen und die Szene zu betreten. Die Bilder waren klarer, als selbst er es sich hätte erhoffen können.

Am nächsten Tag erreichte das erste Farbbild von *Viking* die Erde, und für mich war es ein wenig enttäuschend. Über der rötlichen, von Felsen übersäten Ebene – der Mars hat den Namen Roter Planet wirklich verdient – war der Himmel in einem enttäuschenden, erdähnlichen Hellblau gehalten. Aber als ein paar meiner Kollegen das Bild analysierten, stellten sie fest, dass es nicht richtig kalibriert worden war. Bald darauf veröffentlichten sie eine neue Version mit einem richtig außerirdisch aussehenden, lachsfarbenen Himmel. In der dünnen Atmosphäre schwebte derselbe feinkörnige, orangefarbene Staub, der auch die Felsen überzieht und Sedimentablagerungen bildet. Im weiteren Verlauf der Mission gab es eine weitere Überraschung, als der Lander den ersten Blick auf einen Sonnenuntergang auf dem Mars aufnahm: Der Himmel in der Abenddämmerung war nicht rosa, wie die Sonnenuntergänge auf der Erde, sondern blau – ein Ergebnis, so erfuhren wir, der Art und Weise, wie diese winzigen Staubkörner in der Luft das Licht streuen.

Während wir mit jedem neuen Bild den Landeplatz erkundeten, verlagerte sich die Aufmerksamkeit der Welt auf den Hauptgrund, warum *Viking 1* und sein bald ankommendes Schwesterschiff *Viking 2* zum Mars geschickt worden waren: Beide waren mit einer Reihe von Experimenten ausgestattet, die auf die Suche nach mikrobiellem Leben ausgerichtet wa-

↑ **Ein kleiner Punkt im All**
Dies ist das erste Bild der Erde, das jemals von der Oberfläche eines anderen Planeten aus gemacht wurde (die Bilder vom Mond nicht mitgezählt). Es stammt vom *Mars Exploration Rover Spirit* und wurde am 8. März 2004, eine Stunde vor Sonnenaufgang am 63. Marstag (»Sol«) seiner Mission, aufgenommen. Es lohnt sich mal darüber nachzudenken, dass alles, was uns lieb und teuer ist, auf diesem Punkt im All existiert.

ren. Da die Biologen, die diese Instrumente entwickelt hatten, nur Vermutungen darüber anstellen konnten, wie die Mikroben auf dem Mars beschaffen sein könnten, beschlossen sie, nach Anzeichen für einen Stoffwechsel zu suchen, das heißt nach einer erkennbaren Art und Weise, in der Bakterien mit ihrer Umgebung in Wechselwirkung treten. Nach dem Aufsammeln von fingerhutgroßen Proben mit Marsstaub aus dem Roboterarm des Landers bot jedes Experiment seiner Probe eine bestimmte Form von Nahrung an, die von simuliertem Marssonnenlicht und mit radioaktiven Molekülen markiertem Kohlendioxid bis hin zu einem reichhaltigen Gebräu aus organischen Nährstoffen mit dem Spitznamen »Hühnersuppe« reichte, die ebenfalls radioaktiv markiert war. Dann machten sich die Instrumente mit ihren Miniaturöfen und empfindlichen Strahlungszählern an die Arbeit, um auch jeden noch so kleinen mikrobiellen »Rülpser« aufzuspüren.

Letztendlich konnten jedoch die biologischen Experimente beider *Viking*-Landegeräte nicht zeigen, ob es Leben auf dem Mars gibt. Für die Reporter, die über die Mission berichteten und verzweifelt nach der einen oder anderen berichtenswerten Antwort suchten, waren die Ergebnisse verblüffend unklar. Dann kam ein Ergebnis, das den Sargnagel für die Suche der *Viking*-Sonden nach Leben zu sein schien. Als eine weitere Staubprobe in ein extrem empfindliches Instrument eingespeist wurde, das darauf ausgelegt war, auch nur die kleinste Spur organischer Moleküle aufzuspüren, war das Ergebnis negativ. Das war der größte Schock der Mission, da organische Stoffe selbst in Meteoriten auf der Erde gefunden worden waren und man davon ausging, dass sie auch ohne Mikroben auf dem Mars existieren würden. Die Wissenschaftler spekulierten, dass der Marsstaub hochreaktive Verbindungen enthält, die kohlenstoffhaltige Moleküle zerstören, die sonst als Bausteine für das Leben auf dem Mars hätten dienen können. Die *Viking*-Sonde schloss die Möglichkeit, Leben auf dem Mars zu finden, nicht aus, aber die Tatsache, dass es nicht gefunden wurde, führte dazu, dass Missionen zur Marsoberfläche für mehr als zwei Jahrzehnte eingestellt wurden.

Der Mars hat sich wieder einmal verwandelt

Lange bevor die NASA im Jahr 1997 zur Marsoberfläche zurückkehrte, hatte mein Leben einen ganz anderen Verlauf genommen als denjenigen, welchen ich mir als Student vorgestellt hatte. Nach meiner Erfahrung mit *Viking* war mir klar geworden, dass ich kein professioneller Wissenschaftler werden wollte; ich hatte mich auch mit der Tatsache abgefunden, dass meine nicht ganz problemfreie medizinische Vorgeschichte meine Ambitionen als Astronaut zunichte machen würde. Doch dann, einige Jahre nach meinem Abschluss, fand ich meine Berufung als Weltraumjournalist. Mit meinem Hintergrund in der Planetenforschung hatte ich über die Vorbeiflüge von Voyager 2 an Uranus 1986 und Neptun 1989 berichtet. Außerdem hatte ich meine geologische Ausbildung genutzt, um »A Man on the Moon« zu schreiben, mein Buch über die *Apollo*-Astronauten und ihre Erkundung des Mondes. Im Juli 1997 war ich wieder am JPL, um die Landung von *Pathfinder* mitzuerleben, der mit Hilfe von Hightech-Airbags auf der Marsoberfläche landete und dann inmitten der felsigen Überreste einer gigantischen, uralten Flutebene zum Stehen kam.

Pathfinder setzte einen Rover von der Größe eines Mikrowellenherds namens *Sojourner* ab, was in der Öffentlichkeit für großes Interesse sorgte und die Besucherzahlen auf der neu eingerichteten Website der NASA in unbekannte Höhen trieb. Aber erst einige Monate später, nachdem die *Pathfinder*-Mission beendet war und sich die Aufmerksamkeit der Internetsurfer wieder anderen Dingen zuwandte, begann ein außergewöhnliches neues Kapitel in der Erforschung des Mars – nicht mit einem Lander, sondern mit einem Orbiter namens *Mars Global Surveyor (MGS)*, der mit der leistungsstärksten Kamera ausgestattet war, die bis dato zu einem anderen Planeten geschickt wurde.

Der Geologe Mike Malin, ein alter Freund aus *Viking*-Zeiten, war schon lange davon überzeugt, dass die Tausende von Bildern früherer Orbiter wichtige Details der komplexen geologischen Geschichte des Planeten nicht erfasst hatten. Malin hatte ein kleines Team von Wissenschaftlern und Ingenieuren angeführt, um einen leistungsstarken, aber leichten Bildgeber zu entwickeln, der seiner Meinung nach den Mars unterhalb der Auflösungsgrenzen der bisherigen Kameras erfassen konnte. Das Gerät wurde 1992 an Bord der gescheiterten Mission *Mars Observer* installiert; fünf Jahre später traf das Ersatzinstrument an Bord von MGS beim Mars ein. Sogar von ihrer anfänglichen Position in der Umlaufbahn, mehr als 322 km über der Oberfläche, konnte Malins Kamera Merkmale erkennen, die nicht größer als ein Auto waren; und ab Herbst 1997 waren die Bilder, die sie herunterschickte, einfach atemberaubend. Beim Blick in die riesigen Canyons fotografierte MGS Schichten von Sedimentgesteinen, die so anschaulich waren wie die im Grand Canyon in Arizona und die als unwiderleglicher Beweis dafür galten, dass der Mars einst stehende Gewässer beherbergt hatte. Andernorts fanden sich immer wieder uralte Landschaften, die von jüngewie ein Stück Tafelkreide, die von nachfolgenden Raumfahrzeugen aufgenommen und zur Erde zurückgebracht werden sollen. Mit dem Beginn der lang erwarteten Probenrückführung ist die robotergestützte Marserkundung der NASA noch immer in vollem Gange.

In der Zwischenzeit haben ehrgeizige Missionsplaner von der Entsendung von Menschen in den 2030er-Jahren gesprochen, aber ich habe meine Zweifel. Bereits 1954 schrieb der berühmte Raketenpionier Wernher von Braun in der Zeitschrift Collier's: »Wird der Mensch jemals zum Mars fliegen? Ich bin sicher, dass er das wird – aber es wird ein Jahrhundert oder länger dauern, bis er so weit ist.« Ich habe lange vermutet, dass er Recht hatte, und ich hoffe, dass er nur ein bisschen zu konservativ war, denn gerne würde ich das noch erleben. Ich möchte sehen, wie Astronauten den Mars erforschen und ihre Stimmen von der anderen Seite des interplanetaren Abgrunds hören. Ich weiß, dass die Verwirklichung dieses Vorhabens für alle Beteiligten eine Mammutaufgabe sein wird, vergleichbar der Besteigung des Mount Everest. Sie werden ihr ganzes Durchhaltevermögen und ihren Einfallsreichtum aufbringen müssen, um unzählige Hindernisse zu überwinden. Aber ich glaube, dass sie es schaffen werden, und ich glaube auch, dass es sich lohnen wird – nicht nur, »weil er da ist«, wie der britische Bergsteiger George Mallory seinerzeit über die Besteigung des Everest sagte, sondern weil wir nur dann, wenn wir unseren Robotern zum Mars folgen, wirklich in der Lage sein werden, unsere Nachbarwelt zu verstehen, zu lernen, was sie uns darüber lehren kann, woher wir kommen, und, falls die zurückgegebenen Proben das bis dahin nicht schon getan haben, uns zu zeigen, dass wir nicht allein im Sonnensystem sind. Und eines Tages vielleicht, um den Roten Planeten zu einer zweiten Heimat für die Menschheit zu machen, um endlich die Worte des großen Dichters des Weltraums, Ray Bradbury, zu verwirklichen, der 1950 in seinem Klassiker »Die Mars-Chroniken« schrieb: »Der Mars war ein fernes Ufer, und die Menschen breiteten sich in Wellen auf ihm aus.« Wie jeder, der sich in die Welt nebenan verliebt, wusste Bradbury, dass Träume und Mars zusammengehören.

↑ **Testbild**

Dieses Selbstporträt, 1976 von *Viking 1* auf Chryse Planitia aufgenommen, zeigt spezielle Kalibrierungskarten, die an der Raumsonde angebracht waren. Mithilfe dieser Karten konnten die Analysten feststellen, wie der Mars in Bezug auf Farbe und Licht »wirklich« aussieht.

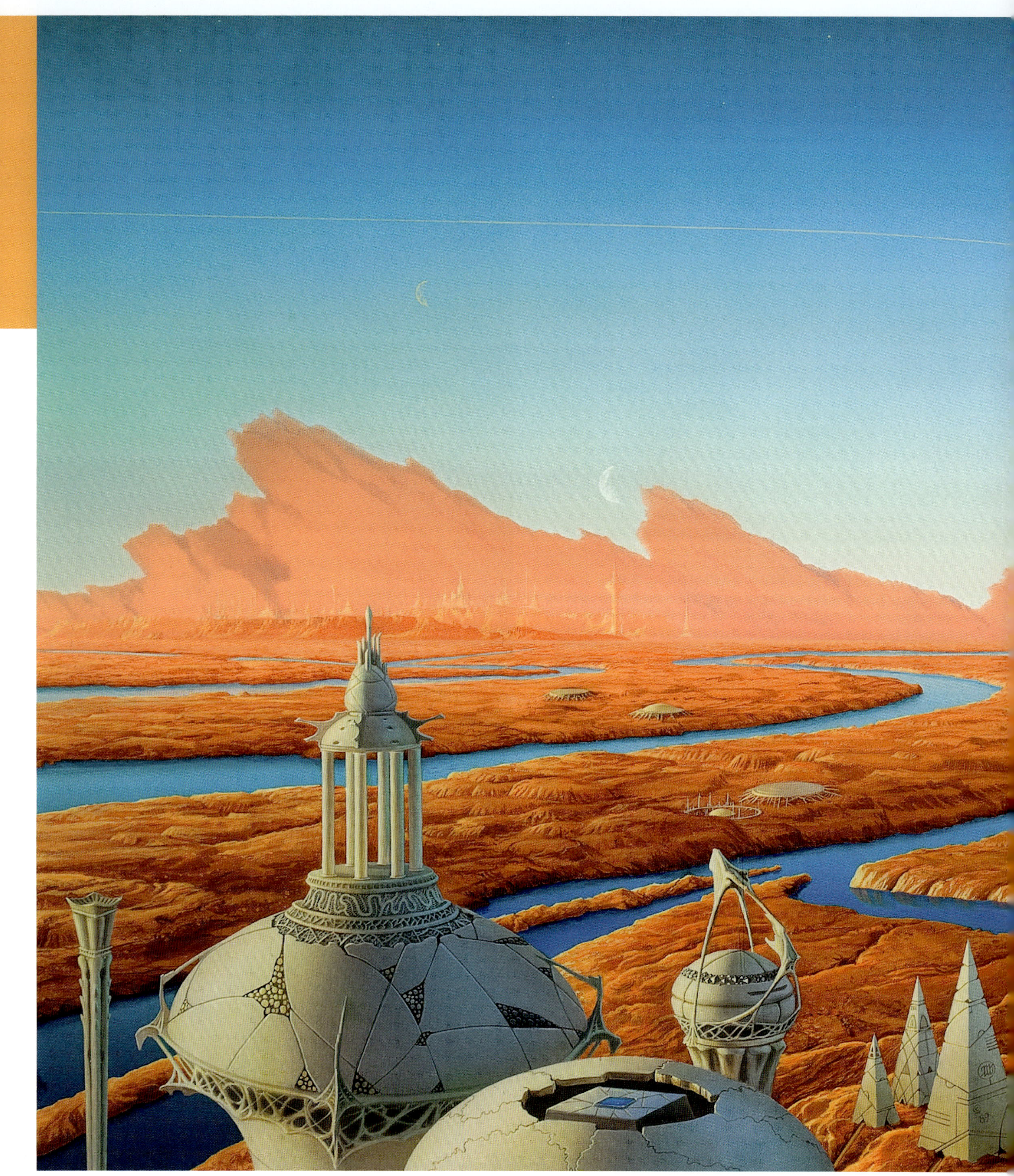

1 Visionen vom Roten Planeten

1

Visionen vom Roten Planeten

Außerirdische, Imperien und Invasionen

Seit mehr als einem Jahrhundert beflügelt der Mars die Phantasie von Schriftstellern und Künstlern. Unsere Hoffnungen für die menschliche Welt spiegelten sich oft in dem wider, was wir vom Mars erwarteten. Selbst heute, wo wir genau wissen, dass der Mars ein rauer und lebensfeindlicher Ort ist, hoffen wir immer noch, dort Anzeichen von altem Leben zu finden, als ob wir damit beweisen wollten, dass unsere lange Faszination für den Roten Planeten nicht vergeblich war.

Seit der Erfindung der Teleskope im ersten Jahrzehnt des 17. Jahrhunderts richtet sich unser neugieriger Blick in der Nacht auf den Mars. Die ersten ernsthaften Kartierungsversuche unternahmen die deutschen Astronomen Johann von Mädler und Wilhelm Beer im Jahr 1840. Sie erstellten das erste formale Koordinatensystem mit Längen- und Breitengraden, aber die Details der einzelnen geologischen Formationen waren bestenfalls verschwommen. Als der italienische Astronom Giovanni Schiaparelli 1877 seine Marskarte veröffentlichte, zeichnete er, so gut er konnte, mehrere große dunkle Ebenen auf, die lose durch viel schmalere Regionen verbunden waren, die er als canali bezeichnete. Im Italienischen bedeutet dies einfach »Rillen« oder »Kanäle«. Als Schiaparellis Arbeit für englischsprachige Astronomen übersetzt wurde, entstand ein anhaltender populärer Mythos. Canali wurde als »Kanäle« interpretiert, also als künstliche, wasserführende Strukturen.

Im Jahr 1894 begann der amerikanische Astronom Percival Lowell mit intensiven Beobachtungen des Mars von einem hochgelegenen Observatorium in Flagstaff, Arizona, aus, das er weitgehend auf eigene Kosten gebaut hatte. Er war überzeugt, dass er Kanäle sehen konnte, die die Oberfläche überzogen. Zwei Jahre später veröffentlichte er seine Erkenntnisse in einem Buch (dem ersten von drei Büchern zu einem ähnlichen Thema) mit dem einfachen Titel *Mars*. »Wir sehen die Produkte einer Intelligenz. Es gibt ein Netz von Bewässerungsanlagen«, behauptete er mit größter Zuversicht. »Sicherlich sehen wir Anzeichen von Wesen, die uns voraus sind.« Lowells Arbeit wurde von anderen wissenschaftlichen Beobachtern nicht ernst genommen, aber sein Konzept einer ausgedörrten Zivilisation, die eine ganze Welt mit Kanälen und Pumpstationen versieht, um Wasser aus dem Polareis zu gewinnen, war viel zu interessant, um es zu verwerfen.

Zeitungen, Zeitschriften und populäre Romanautoren griffen diese Bilder mit Begeisterung auf, nicht zuletzt der britische Autor H. G. Wells in seiner klassischen Erzählung »Der Krieg der Welten« von 1896. Wells wurde von seinem Bruder Frank inspiriert, der von seinem englischen Zuhause aus bemerkte: »Was wäre, wenn jemand genau hier vom Himmel fiele und anfinge, unsere Welt zu übernehmen, so wie es mit den Tasmaniern getan haben?« Europäische Entdecker stießen erstmals in den 1640er-Jahren auf die Insel Tasmanien. Die einheimische Bevölkerung hatte 40.000 Jahre lang ungestört gelebt. Zu der Zeit, als Frank Wells über das Schicksal der Inselbewohner nachdachte, waren sie bereits fast ausgerottet. Der Krieg der Welten sollte einer selbstgefälligen britischen Leserschaft zeigen, wie es sich anfühlen könnte, von rücksichtslosen, technologisch überlegenen Imperialisten ausgerottet zu werden. Die ersten Seiten des Romans entfalten auch heute noch ihre ganze verstörende Kraft:

Niemand hätte in den letzten Jahren des 19. Jahrhunderts geglaubt, dass diese Welt von Wesen, die dem Menschen weit überlegen sind und doch so sterblich wie er selbst, aufmerksam beobachtet wird. Jenseits der Kluft des Raumes existieren Intelligenzen, für die unser Leben dem eines Tieres gleicht. Ausgestattet mit großem, kühlen und berechnendem

←← **Unwillkommene Besucher**
Die Ankunft der Menschen in Ray Bradburys *Die Mars-Chroniken*, interpretiert vom Künstler Michael Whelan für eine Neuauflage 1990, anlässlich des 40. Jahrestages der Erstveröffentlichung des Romans.

THE WAR OF THE WORLDS BY H. G. WELLS

I.

THE EVE OF THE WAR.

NO one would have believed in the last years of the nineteenth century that human affairs were being watched keenly and closely by intelligences greater than man's and yet as mortal as his own; that as men busied themselves about their affairs they were scrutinized and studied perhaps almost as closely as a man with a microscope might scrutinize the transient creatures that swarm and multiply in a drop of water. With infinite complacency men went to and fro over this little globe about their affairs, dreaming themselves the highest creatures in the whole vast universe, and serene in their assurance of their empire over matter. It is just possible that the infusoria under the microscope do the same. No one gave a thought to the older worlds of space, or thought of them only to dismiss the idea of life upon them as impossible or improbable. At most, terrestrial men fancied there might be other men upon Mars—probably inferior to themselves and ready to welcome a missionary enterprise. Yet, across the gulf of space, minds that are to our minds as ours are to the beasts that perish, intellects vast and cool and unsympathetic, regarded this earth with envious eyes, and slowly and surely drew up their plans against us. And early in the twentieth century came the great disillusionment. The planet Mars, I may remind the reader, revolves about the sun at a mean distance of one hundred and forty million miles, and the light and heat it receives from the sun are scarcely half of that received by this world. It must be, if the nebular hypothesis has any truth, older than our world, and long before this earth ceased to be molten, life upon its

[Although Mr. Wells is a comparatively young man, his name has become, within a very few years, a familiar one in all English speaking lands. His books number a scant half dozen, yet they have achieved the widest reputation, not only because of the attractive style in which Mr. Wells clothes his brilliant imaginings, but also by reason of the underlying vein of philosophical suggestion. "The Time Machine," "The Wonderful Visit," "The Wheel of Chance," and "The Island of Dr. Moreau," are the stories upon which Mr. Wells' reputation is founded. The editor of THE COSMOPOLITAN hazards the opinion that "The War of the Worlds" will be regarded by the public as much in advance of any previous work of this author.—EDITOR.]

Copyright, 1897, by H. G. Wells. All rights reserved.

← **Alien-Invasion**
Der Krieg der Welten des britischen Autors H. G. Wells wurde erstmals 1897 als Fortsetzungsroman in der Zeitschrift *Pearson's* veröffentlicht, mit Illustrationen von Warwick Goble. Dies war das erste Beispiel für moderne Science-Fiction.

Verstand, betrachteten diese die Erde mit neidischen Augen und schmiedeten langsam und sicher ihre Pläne gegen uns.

Aus der Perspektive eines netten, jungen, verheirateten Mannes aus einem grünen Londoner Vorort erzählt, führt uns diese erschreckende Geschichte in die Welt der tentakelartigen Marsmenschen ein, die gepanzerte Exoskelette, »monströse Dreibeine« und »wandelnde Maschinen aus glitzerndem Metall« steuern, von denen jede mit einer »unsichtbaren Welle« aus Energie ausgestattet ist, die alles verdampft, was sich ihr in den Weg stellt. Wells beschrieb, wie seine Marsmenschen »eine intensive Hitze erzeugen … und sie mit Hilfe eines polierten Parabolspiegels in einem parallelen Strahl auf jedes beliebige Objekt projizieren«.

Im Krieg der Welten gibt es keine Helden. Der Erzähler kann nur hilflos zusehen, wie alle um ihn herum von unbarmherzigen, unbekannten Waffen dahingerafft werden. »Eine Zeit lang glaubte ich, dass die Menschheit ausgelöscht worden war und dass ich allein dastand, der letzte Überlebende. Genauso plötzlich wie die Katastrophe begann, hört sie auch wieder auf. Es stellt sich heraus, dass die Invasoren eine Schwäche haben. Irdische Mikroben infizieren sie und sie sterben. Eine Handvoll überlebender Menschen taucht aus ihren Verstecken in eine verwüstete Landschaft auf.

15 Jahre später schrieb Edgar Rice Burroughs, der Schöpfer des Dschungelhelden Tarzan, *A Princess of Mars*, die erste von vielen Fantasien, die auf einer Welt spielen, die von ihren Bewohnern »Barsoom« genannt wird. Wie Wells wurde auch Burroughs von den Kanälen Lowells inspiriert. Eine große Leserschaft entwickelte Appetit auf das Leben auf Barsoom. Kanäle und außerirdische Kreaturen waren noch die geringste der Attraktionen. Es gab auch Dejah Thoris, eine schöne Prinzessin.

Ende des 19. Jahrhunderts wussten die Astronomen, wie sie Prismen an den Enden ihrer Teleskope befestigen und die Spektren von Himmelsobjekten untersuchen konnten. Die Analyse des von der Marsoberfläche reflektierten Sonnenlichts ergab, dass die Atmosphäre extrem dünn war und hauptsächlich aus Kohlendioxid bestand. Es schien unmöglich zu sein, dass hier Wasser existiert, es sei denn als Eis oder Permafrost. Die marsianischen Baumeister zogen sich somit aus dem wissenschaftlichen Horizont zurück und fanden ihren Platz nur noch in der Fantasy-Literatur des frühen und mittleren 20. Jahrhunderts, wo sie sich allerdings vervielfältigten und gediehen. Einige Marsmenschen-Fantasien waren überzeugender als andere, aber eine war so lebensecht, dass sie Panik auslöste. Am 30. Oktober 1938 adaptierten Howard Koch und der brillante Theaterimpresario und angehende Filmemacher Orson Welles den Krieg der Welten als Hörspiel für den amerikanischen Radiosender CBS. Das Drama beinhaltete einen spitzbübisch realistischen Nachrichtenreporter, der scheinbar eine Big-Band-Musikshow unterbricht: »Um 20:50 Uhr fiel ein riesiges, flammendes Objekt, von dem man annimmt, dass es ein Meteorit ist, auf eine Farm in der Nähe von Grovers Mill, New Jersey, 22 Meilen von Trenton.« Dann war wieder die unschuldig klingende Band an der Reihe, bis der »Reporter« erneut mit einer Schreckensnachricht unterbrach: »Meine Damen und Herren, ich habe soeben eine telefonische Nachricht aus Grovers Mill erhalten. Mindestens 40 Menschen, darunter sechs State Trooper, liegen tot auf einem Feld östlich des Dorfes Grovers Mill, ihre Leichen verbrannt und bis zur Unkenntlichkeit entstellt!«

Es ist unmöglich festzustellen, wie viele Hörer die Meldung für echt hielten, aber sie hat sicherlich viele erschreckt, vor allem diejenigen, die ein paar Augenblicke zu spät eingeschaltet hatten, um zu hören, dass die bevorstehende Sendung nur eine Übung in theatralischer Täuschung war. Welles genoss die ganze Aufregung, weil er der Meinung war, dass es so etwas wie »schlechte Publicity« gar nicht gibt. Die Idee einer regelrechten Panik bei der Austrahlung gilt heute allerdings als umstritten und ist wohl eher eine moderne Wandersage.

Eine Sammlung von Kurzgeschichten von Ray Bradbury, die im Jahr 1950 unter dem Titel *Die Mars-Chroniken* zusammengefasst wurde, nutzte den Roten Planeten als traurige Metapher für eines der berühmtesten Werke der amerikanischen Literatur. Menschliche Forscher, die von der vom Krieg bedrohten Erde fliehen, kommen auf den Mars, wo sie von den Einheimischen nicht gerade freundlich empfangen werden. Jede Spezies betrachtet die andere als eine beunruhigende Präsenz. Die Marsianer versuchen, ihre ungebetenen Gäste zu vertreiben, indem sie ihnen telepathisch seltsame Visionen vom amerikanischen Kleinstadtleben vorgaukeln. Währenddessen bringen die neuen Siedler all die Sehnsüchte und Probleme mit, vor denen sie zu fliehen glauben. »Sie kamen zum Mars, weil sie Angst hatten oder keine Angst hatten, weil sie glücklich oder unglücklich waren, weil sie sich als Pilger fühlten oder nicht«, erzählt Bradbury. »Sie kamen, um etwas zu finden oder etwas zu verlassen oder etwas zu bekommen, um etwas auszugraben oder zu begraben oder etwas in Ruhe zu lassen. Sie kamen mit kleinen Träumen oder großen Träumen oder gar keinen.«

Unbeabsichtigt haben die irdischen Teams Krankheiten mitgebracht, und die Marsbevölkerung wird vernichtet. Die Schuldgefühle der Menschen schlagen in Gewalt um, und einer von ihnen versucht – und scheitert –, die Marszivilisation zu schützen, indem er versucht, seine Kollegen zu töten. In der letzten Geschichte sind die ursprünglichen Bewohner des Mars nur noch ein geisterhaftes telepathisches Echo. Die Erde ist durch einen Atomkrieg zerstört worden, und die versprengten menschlichen Familien, die auf dem Mars ums Überleben kämpfen, sind völlig allein und sehen einem ungewissen Schicksal entgegen. Ein Kind fleht seinen Vater an: »Ich wollte schon immer Marsmenschen sehen. Wo sind sie, Papa? Du hast es versprochen!« Der Vater lädt das Kind ein, in das Wasser eines Kanals zu schauen, der von Architekten gebaut wurde, die längst ver-

← **Mysteriöse Zeichen**
In Alvim Corrêas Interpretation von *Der Krieg der Welten* taucht das Unheil in der scheinbar unschuldigen Form von Feuerkugeln oder Sternschnuppen auf.

← **Zeitgenössische Illustration**
1906 wurde *Der Krieg der Welten* in französischer Sprache von einem belgischen Verlag veröffentlicht, mit Illustrationen des brasilianischen Künstlers Henrique Alvim Corrêa. Sein unverwechselbarer Stil, der viel Anerkennung von H. G. Wells fand, inspirierte unzählige Science-Fiction-Ideen über außerirdische Invasionen.

schwunden sind. Ihr menschliches Spiegelbild starrt zu ihnen hoch. »Da sind sie«, sagt er …

The Sands of Mars (deutsch: *Projekt Morgenröte*) aus dem Jahr 1951 war ein frühes Werk des berühmten britischen Weltraumenthusiasten und Autors Arthur C. Clarke. Eine autarke Kolonie strebt nach politischer und wirtschaftlicher Unabhängigkeit von der Erde. Der Journalist Martin Gibson, der die Kolonie besucht, stößt auf ein geheimes Projekt, das darauf abzielt, den Sauerstoffgehalt in der Marsatmosphäre zu erhöhen, um sie atembar zu machen. Das ultimative Ziel der Kolonisten ist es, einen thermonuklearen Sprengsatz im Inneren von Phobos, einem der beiden kleinen Monde des Mars, zu zünden und ihn in eine künstliche Sonne zu verwandeln, die 1000 Jahre lang hell brennen und dem Planeten Wärme spenden würde. Gibson beschließt, auf dem Mars zu bleiben und sich der Sache als PR-Mann zu widmen. Dies ist eine frühe Vision dessen, was heute als »Terraforming« bekannt ist. Im Wesentlichen geht es darum, den Mars über Hunderte oder sogar Tausende von Jah-

← Unheimliche Begegnung
Corrêas Version des Moments, in dem die Menschen zum ersten Mal Besucher aus einer anderen Welt zu Gesicht bekommen – und die Neuankömmlinge sich als nicht freundlich erweisen.

→ Verlorene Schlacht
Corrêas Darstellung einer Kriegsmaschine vom Mars, die sich über hilflose menschliche Figuren erhebt, erinnert an die völlige Verzweiflung von Gemeinschaften, die von überlegenen Kräften bedroht werden, die sie nicht besiegen können.

ren in einen Planeten zu verwandeln, der der Erde etwas ähnlicher ist, und zwar mit Hilfe ehrgeiziger Technologien und der Einführung sauerstoffhaltiger Pflanzenarten, um die dünne Atmosphäre zu verstärken.

In *Stranger in a Strange Land* (Fremder in einer fremden Welt, 1961) von Robert A. Heinlein wird ein Mensch während einer Expedition zum Mars geboren und strandet dort nach dem Tod seiner Eltern. Anschließend wird er von Marsianern aufgezogen und kehrt zur Erde zurück, als eine zweite menschliche Expedition eintrifft, um ihn zu retten. Valentine Michael Smith versucht sich an die bizarren Lebensweisen der Erde anzupassen und die Menschen auf der Grundlage dessen, was die Marsmenschen ihn gelehrt haben, zu einer besseren Lebensweise zu erziehen. Die spirituelle Botschaft des Buches fand in der Gegenkultur der 1960er Jahre Anklang. Valentine Smiths unvoreingenommene Ideen über Liebe und Sex fanden seinerzeit ein aufgeschlossenes Publikum.

Wann also hat die heutige Version des Mars zum ersten Mal unsere Fantasie beflügelt: diese kalte, wasserlose, mit Geröll übersäte Welt, die wir heute zu kennen glauben? In einem NASA-Bericht aus dem Jahr 1963 mit dem Titel »Conquering the Sun's Empire« (Die Eroberung des Sonnenreichs) stellten die Autoren fest: »Wir können mit ziemlicher Sicherheit davon ausgehen, dass primitives Leben auf dem Mars existiert«. Nach mehr als einem halben Jahrhundert intensiver Forschung ist noch niemand bereit, diese Behauptung zu verwerfen.

← Leinwand-Monster
George Pals Film *Krieg der Welten* aus dem Jahr 1953 folgte der Originalgeschichte von Wells recht gut. Die Geschichte wurde seither oft neu erzählt, oft im Einklang mit zeitgenössischen Anliegen: so wird Steven Spielbergs Version von 2005 oft als Gleichnis für den 11. September 2001 angesehen.

↑ Was wäre, wenn...
Virgil Finlays Titelbild (oben) für die Oktoberausgabe 1957 von *Fantastic Universe Science Fiction* zeigt, wie der Mars aussehen sollte – zumindest in unseren Träumen. Der reale Planet hat sich allerdings schwergetan, der fiktiven Version gerecht zu werden.

→ Wettbewerb der Marsmenschen
Unter der Regie von William Cameron Menzies wurde *Invaders from Mars* (1953) in aller Eile produziert, um George Pals *Krieg der Welten* in den Kinos zu schlagen.

» Jenseits der Kluft des Raumes existieren Intelligenzen, für die unser Leben dem eines Tieres gleicht. Ausgestattet mit großem, kühlen und berechnendem Verstand, betrachteten diese die Erde mit neidischen Augen und schmiedeten langsam und sicher ihre Pläne gegen uns. Und Anfang des 20. Jahrhunderts kam das große Erwachen. «

H. G. Wells, *Der Krieg der Welten*, 1897

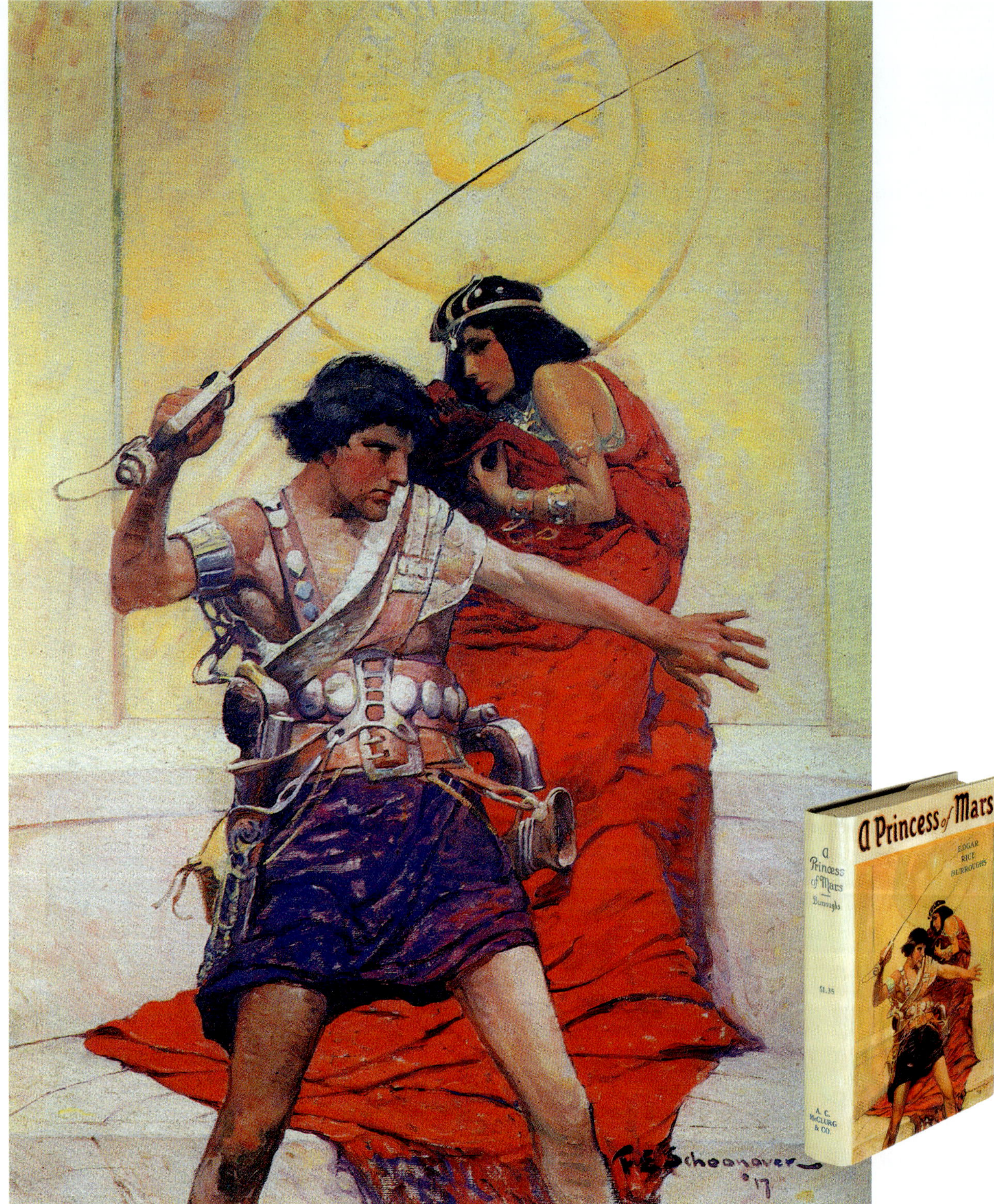

↑ **Fremdartige Prinzessin**
Edgar Rice Burroughs, der Schöpfer des Dschungelhelden Tarzan, wandte sich 1912 mit *A Princess of Mars* (zuerst als Fortsetzungsroman in der Zeitschrift *All-Story* veröffentlicht) der Science-Fiction zu. Schriftsteller und Wissenschaftler wie Ray Bradbury, Arthur C. Clarke und Carl Sagan ließen sich als Jugendliche von den spannenden Abenteuergeschichten über den Planeten inspirieren.

→ **Unheimlicher Reiter**
Bruce Penningtons Titelbild für eine Ausgabe von *A Princess of Mars* von 1969. Die grünen Marsmenschen haben vier Arme und die pferdeähnlichen »Thoats«, auf denen sie reiten, sind achtbeinig, aber die Grafiker entschieden sich aus optischen Gründen gegen ein solches Gewirr von Gliedmaßen.

A STREET & SMITH PUBLICATION
ASTOUNDING
STORIES
FEB 1934
20¢
LOST CITY of MARS
BY HARL VINCENT
REBIRTH
BY Thomas McClary

→ **Splatter-Comics**
Kinder haben Sammelkarten schon immer geliebt, aber nur wenige Exemplare haben je so viel Aufsehen erregt wie *Mars Attacks*, eine Serie, die 1962 für die Kaugummifirma Topps entwickelt wurde. Die Illustrationen von Norman Saunders und Wally Woods wurden von besorgten Eltern als erschreckend gewalttätig empfunden, aber die Zielgruppe liebte es. Die Karten inspirierten den gleichnamigen Film von Tim Burton aus dem Jahr 1996.

← **Weltraum-Rüstungen**
Howard V. Browns Illustration für eine Geschichte mit dem Titel *Lost City of Mars* erschien im Februar 1934 auf der Titelseite der Zeitschrift *Astounding Stories*. Das Design des Panzeranzugs ist vielleicht nicht ganz aus der Luft gegriffen, denn künftige Mars-Raumanzüge könnten ebenfalls teilweise starr sein.

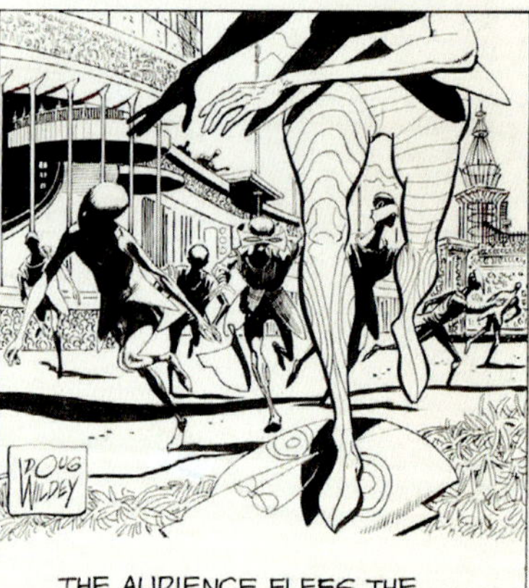

← **Bedauernswerter Mars**
Diese Version der *Mars-Chroniken* von Doug Wildey aus dem Jahr 1972 (1993 von Ray Bradbury signiert) wurde für das heute nicht mehr existierende Magazin *West* aus Los Angeles erstellt. Zwischen den Mitgliedern der Raketenbesatzung kommt es zu Konflikten. Die einen wollen um jeden Preis auf dem Mars überleben, während die anderen die Marsbewohner vor den Menschen schützen wollen. Es wurden nur drei Episoden veröffentlicht, aber Bradburys Romanvorlage (die eigentlich aus miteinander verbundenen Kurzgeschichten besteht) war nie vergriffen.

→ **Hartnäckiger Glaube an Marsbewohner**
Mel Hunters Titelbild für die Mai-Ausgabe des *Magazine of Fantasy and Science Fiction* im Jahr 1965 zeigt einen Mars mit Städten und Kanalnetzen, obwohl Astronomen und Planetenforscher zu diesem Zeitpunkt bereits wussten, dass der Mars höchstwahrscheinlich nicht von intelligenten Wesen bewohnt war.

MEL HUNTER

SP-01
UNITED STATES
Paul Rossi 60

» Die ersten Menschen, die zum Mars aufbrechen, werden für mehr als zweieinhalb Jahre nicht mehr zur Erde zurückkehren. Die Schwierigkeiten einer Reise zum Mars sind gewaltig. Alles, was man heute mit Sicherheit sagen kann, ist, dass die Reise eines Tages stattfinden wird. «

Raketenpionier Wernher von Braun, 1952

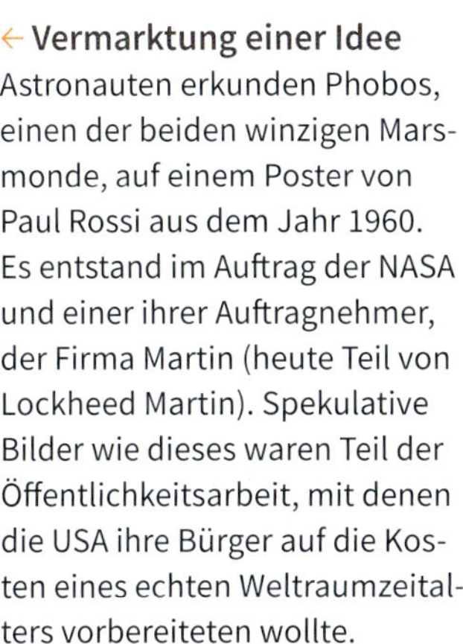

← **Vermarktung einer Idee**
Astronauten erkunden Phobos, einen der beiden winzigen Marsmonde, auf einem Poster von Paul Rossi aus dem Jahr 1960. Es entstand im Auftrag der NASA und einer ihrer Auftragnehmer, der Firma Martin (heute Teil von Lockheed Martin). Spekulative Bilder wie dieses waren Teil der Öffentlichkeitsarbeit, mit denen die USA ihre Bürger auf die Kosten eines echten Weltraumzeitalters vorbereiteten wollte.

↑ **Visionen für interessierte Leser**
Zwischen 1952 und 1954 veröffentlichte das Bestseller-Magazin *Collier's* eine einflussreiche Artikelserie über die Möglichkeiten der Weltraumforschung. Chesley Bonestell gehörte zu einem Team von Künstlern, die Konzepte zum Leben erweckten. In diesen Auszügen unterstützen Mutterschiffe in der Umlaufbahn die vom deutschstämmigen Raketenpionier Wernher von Braun entworfenen Marsgleiter (damals wusste noch niemand, wie dünn die Luft auf dem Mars wirklich ist). Der Rumpf eines jeden Gleiters wird dann zur Rückkehrstufe (unteres Bild).

2

Der erste Kontakt

2

Der erste Kontakt

Den Mars entdecken, wie er wirklich ist

Am 15. Juli 1965 flog die NASA-Sonde *Mariner 4* nach einer Reise von 230 Tagen am Mars vorbei und näherte sich dem Planeten dabei bis auf 9656 km. In diesen frühen Tagen der robotergestützten interplanetaren Erkundung war das Aufnehmen von Bildern, ihre Speicherung auf Magnetbändern an Bord des winzigen Raumschiffs und ihre langsame, bitweise digitale Übertragung zur Erde eine geradezu epische Herausforderung.

Die Kamera von *Mariner* nahm 22 Bilder auf. Das Funkgerät des winzigen Raumschiffs sendete zehn Tage lang und leerte so den Zwischenspeicher der Kamera. Die ersten Nahaufnahmen des Mars wurden aus 200 Abtastzeilen erstellt, die aus einer Reihe von 200 Punkten zusammengesetzt waren – gerade einmal 0,2 Megapixel, wie man heute sagt. Dennoch waren die Bilder ein großer Erfolg, brachten aber gleichzeitig auch Ernüchterung. Niemand hatte ernsthaft erwartet, dass *Mariner* auf Percival Lowells planetenumspannende Kanäle oder die Ruinen antiker Städte stoßen würde, aber die *Mariner*-Wissenschaftler hatten auch nicht erwartet, Krater zu finden – Hunderte von ihnen. Nach diesen ersten Ansichten zu urteilen, schien es, dass der Mars dem Mond auf deprimierende Weise ähneln würde, mit Einschlagsnarben übersät und genauso leblos. Man hatte gehofft, sanft gewellte Ebenen, dünenübersäte Wüsten und Anzeichen dynamischer Erosionsprozesse zu finden. Die große Anzahl von Kratern und die relative Schärfe ihrer Wände schienen darauf hinzuweisen, dass sich auf dem Mars nicht viel getan hatte, seit die Krater vor vielen Millionen Jahren entstanden wurden. Noch frustrierender war, dass es keine offensichtlichen Spuren von Vegetation gab.

Wechselnde Muster dunkler Bereiche in den äquatorialen Regionen des Mars waren schon oft von der Erde aus durch Teleskope beobachtet worden, und selbst diejenigen, die nicht an den Traum von den Kanälen glaubten, hielten sie für Tundren aus flechtenähnlichen Pflanzen, die sich auf dem Grund ausgetrockneter Meere festgesetzt hatten. Nun stellte sich heraus, dass es sich lediglich um subtile Unterschiede in der Schattierung geologischer Formationen oder um flüchtige Erscheinungen handelte, die durch den unruhigen Marsstaub entstanden waren. Es zeigte sich, dass nicht Lebensformen, sondern periodische Staubstürme für die jahreszeitlichen Veränderungen der Oberfläche verantwortlich waren. Dennoch deckte die Erkundung durch *Mariner 4* nur etwa 1 % der Oberfläche des Planeten ab. Die Jäger des Lebens waren nicht bereit, die Jagd aufzugeben.

In der Zwischenzeit musste man auf sowjetischer Seite zu dem Schluss kommen, dass der Mars etwas gegen die UdSSR hatte. Obwohl das Land die USA mit dem Start von Sputnik (1957) und Juri Gagarin (1961) zweimal beim Rennen in den Weltraum geschlagen hatte, erwies sich der Flug von Sonden zum Mars als schwierigere Aufgabe. Im Juni 1963 flog Mars 1 an dem Planeten vorbei und sendete keinerlei Daten, da das Funkgerät schon drei Monate zuvor ausgefallen war. Im November 1971 landete Mars 2 mit einer Nutzlast auf der Oberfläche, obwohl es sich eher um einen Absturz als um eine Landung gehandelt hatte. Mars 3 scheint im Dezember desselben Jahres in einem Stück gelandet zu sein, aber abgesehen von einem kurzen, unverständlichen Fernsehsignal erbrachte die Mission nichts.

Die NASA hatte mehr Glück. Im Jahr 1969 flogen *Mariner 6* und *7* am Mars vorbei und lieferten 170 Bilder, die große Gebiete mit glattem Terrain zeigten, insbesondere auf der Nordhalbkugel, und die Existenz von Kappen aus Wassereis an den Po-

←↑ **Vorsichtige Wissenschaftler**
Als *Mariner 4* nach seinem historischen Vorbeiflug am Mars am 14. Juli 1965 mit der Übertragung von Bildern begann, befürchteten einige Missionsanalytiker, dass die Kommunikationsverbindung jeden Moment ausfallen könnte. Daher beschlossen sie, die eingehenden numerischen Rohdaten auf dünne Papierstreifen zu übertragen, sie zusammenzukleben und die Farbtöne mit Buntstiften zu kodieren. Dies ist das Ergebnis. Das untere Bild auf Seite 42 zeigt das tatsächliche Bild von *Mariner*.

len bestätigten. Einige Bilder zeigten, was wie dünne Wolken in der Atmosphäre aussah, und frühmorgendliche Nebel, die sich an Kraterwände schmiegten. Es war eindeutig ein Wettersystem am Werk. Der Mars entpuppte sich also doch als ein bescheiden dynamischer Planet. Diese Staubstürme mögen die Wissenschaftler, die auf der Suche nach Flechten waren, enttäuscht haben, aber nichts konnte etwas an der Tatsache ändern, dass sie definitiv saisonal waren. Diese flüchtigen Vorbeiflüge waren ebenso frustrierend wie fruchtbar. Als die noch vergleichsweise junge Raketentechnologie der NASA weitere Fortschritte machte, entstanden auch zwei verbesserte *Mariner*-Sonden mit Raketenmotoren, die sie in stabile Umlaufbahnen abbremsen konnten, so dass sich der Mars genauer untersuchen ließ. Das Kamerasystem bestand nun aus einer schwenkbaren Plattform mit Fernsehkameras und Wechselobjektiven. Jedes Bild bestand aus 700 Abtastzeilen mit 800 Pixeln pro Zeile, was mehr als eine Verdreifachung der zuvor erreichten Auflösung bedeutete.

Die Idee war, dass eine der beiden *Mariner*-Sonden in eine äquatoriale Umlaufbahn einschwenken und die andere die Pole überfliegen sollte, um so eine umfassende Abdeckung der Oberfläche zu erreichen. *Mariner 8* scheiterte beim Start, so dass das Schwesterschiff, *Mariner 9*, auf eine schräge Kompromissbahn umgeleitet wurde. Es erreichte den Mars am 14. November 1971, nach einer 167-tägigen Reise über 386 Millionen km. Und es gab nichts zu sehen, denn ein globaler Staubsturm verdeckte fast den gesamten Planeten. Glücklicherweise hatte *Mariner 9* die Möglichkeit, einfach zu warten, bis sich die Bedingungen verbesserten. Der Sturm hielt zwei Monate lang an, und in dieser Zeit gab es nichts zu fotografieren, abgesehen von vier elliptischen dunklen Flecken, die durch den Dunst ragten. Da sich die Flecken nicht zueinander bewegten, konnte man davon ausgehen, dass es sich um die Spitzen fester Objekte handelte. Das waren sie in der Tat. Als sich der Staub endlich verzogen hatte, entpuppten sich die Flecken als die Krater von vier riesigen Vulkanen. Der größte von ihnen, Olympus Mons, bedeckt eine Fläche von der Größe (Polens) Arizonas. In die Krateröffnung würde ganz Hawaii passen und der Gipfel ragt 26 km hoch in den Himmel des Mars – dreimal so hoch wie der Mount Everest.

Das andere riesige Objekt, das *Mariner 9* entdeckte, ist nicht hoch, sondern tief. Irdische Touristen strömen gerne zum Grand Canyon in Arizona, aber diese Formation würde im Vergleich zu den Valles Marineris nur als Kratzer wahrgenommen. Das gigantische Netz von Canyons, das nach der Sonde benannt wurde, ist 4023 km lang, das entspricht etwa der Distanz von San Francisco nach New York vor. Die steilen Grabenwände sind bis zu 8 km hoch. Aus touristischer Sicht wäre das Hauptproblem bei all diesen Formationen, dass sie so riesig sind, dass man sie nur aus dem Weltraum erkennen kann. Der Olympus Mons erstreckt sich über eine Fläche von der Größe Frankreichs, und die Marineris-Gräben sind so breit, dass die gegenüberliegenden Seiten vom Boden aus oft nicht zu sehen sind.

Eines der größten Merkmale des Mars ist auch das am wenigsten offensichtliche. Die vier riesigen Vulkane, die von *Mariner 9* entdeckt wurden, stehen im Zusammenhang mit der Tharsis-Ausbuchtung, einer riesigen Region, in der die Kruste des Planeten durch den inneren Druck von geschmolzenem Gestein (Magma) zu einer kolossalen Aufwölbung nach oben gedrückt wurde. Der Mars war einst eine äußerst energiegeladene Welt, und obwohl der Olympus Mons und seine kleineren Vettern vor schätzungsweise 25 Millionen Jahren verstummten, könnten unter der rostroten Oberfläche des Planeten noch Spuren dieser alten Energien lauern.

Die aufregendsten Entdeckungen von *Mariner 9* fanden in einem kleineren Rahmen statt. In einer offiziellen Zusammenfassung der Mission aus dem Jahr 1974 berichtete die NASA über das Vorhandensein von »gewundenen Kanälen mit tropfenförmigen Inseln, die nur fließendes Wasser hervorbringen kann«. Hatte der Vorbeiflug von *Mariner 4* noch den Eindruck erweckt, der Mars sei nichts weiter als eine kalte, tote, mondähnliche Kugel aus verkratertem Gestein, so ließen die Entdeckungen von *Mariner 9* den Gedanken wieder aufleben, dass auf dem Roten Planeten vielleicht doch Leben existiert.

Das *Viking*-Projekt

Am Morgen des 1. Juli 1976 öffnete die Smithsonian Institution in Washington, D.C., die Türen des neuen National Air and Space Museum. Ein rot-weiß-blaues Einweihungsband wurde über den Haupteingang gespannt. Präsident Gerald Ford trat davor, nahm aber nicht den entscheidenden Schnitt vor. Ein Funkimpuls von einem winzigen Sender in mehr als 97 Millionen km Entfernung löste eine elektrische Guillotine aus – das Band wurde per Fernsteuerung durchgeschnitten.

Elf Tage zuvor, am 19. Juni, hatte die NASA-Raumsonde *Viking 1* nach einem fehlerfreien zehnmonatigen Flug die Umlaufbahn des Mars erreicht. Nach den Maßstäben der Technologie der 1970er-Jahre war *Viking* atemberaubend kompliziert. Für die Hinreise war am Mutterschiff, den *Viking*-Orbitern, ein glatter, weißer, untertassenförmiger Behälter befestigt. Er war wie zwei übereinandergelegte Suppenteller in zwei Hälften geteilt, die am Rand miteinander verbunden waren. Dies war der Hitzeschild, der dem feurigen Eintritt in die Marsatmosphäre standhalten sollte. Eine weitere Hülle, der so genannte Bioschild, schützte den Hitzeschild und seinen sorgfältig sterilisierten Inhalt vor Verunreinigungen. Die NASA wollte nicht aus Versehen irdische Bakterien auf den Mars einschleppen.

Im Inneren des Hitzeschilds befand sich der Lander selbst, wie eine Insektenlarve in einem Kokon, mit zu engen Bündeln gefalteten Fühlern und drei unter den Körper geklemmten Beinen. Ein solcher Vergleich mit einem Lebewesen ist nicht völlig abwegig. Es handelte sich um ein intelligentes Gerät mit einer rudimentären elektronischen Intelligenz. Carl Sagan von der Cornell University, ein Planetenforscher, der für seine geschickten und sympathischen Auftritte in den Medien bekannt war, arbeitete im Zentrum des *Viking*-Programms. Er meinte, dass die Landefähre nach manchen Maßstäben so klug sei wie ein Insekt, nach anderen nur so intelligent wie eine Mikrobe. In seinem berühmten Buch »Kosmos« aus dem Jahr 1980 schrieb er: »Es dauert Millionen von Jahren, um eine Bakterie zu entwickeln, und Milliarden, um einen Grashüpfer zu schaffen. Mit nur wenig Erfahrung wurden wir ziemlich geschickt darin«.

Die Hauptaufgabe von *Viking* bestand darin, eine Antwort auf die Frage zu finden, die sich jeder stellt: Gibt es Leben auf dem Mars? Die NASA entwarf eine Reihe von Experimenten, die diese Frage auf verschiedene Weise beantworten konnten. Ein biochemisches Miniaturlabor, das weniger Platz als eine Autobatterie einnahm, initiierte eine Reihe von Experimenten und überwachte sie, fast ohne Hilfe von der Erde. In dieser kompakten Box war Kohlenstoff der Hauptdarsteller.

Die Konzentration auf Kohlenstoff

Astrobiologen konzentrieren sich in der Regel auf die organische (kohlenstoffbasierte) Chemie, den einzigen sicheren gemeinsamen Nenner allen Lebens auf der Erde. Alle Lebewesen absorbieren, rekonfigurieren und stoßen Moleküle aus, die auf Kohlenstoff basieren. Einige dieser Moleküle, wie beispielsweise Kohlendioxid oder Methan, sind relativ einfach. Andere, wie Proteine und DNA, sind wesentlich komplexer. Nichts ist lebendig, wenn nicht Kohlenstoff in der Molekülmischung enthalten ist. Im Jahr 1975 erklärte Gerald Soffen, einer der führenden Wissenschaftler von *Viking*, einem Journalisten von National Geographic: »Kohlenstoff ist unglaublich flexibel. Die Atome können lange Ketten bilden und sich mit anderen Atomen in einer endlosen Anzahl von Konfigurationen verbinden. Nur Kohlenstoff kann die unglaubliche Vielfalt an Molekülen bereitstellen, die wir uns für lebende Organismen vorstellen können.« Soffen und seine Kollegen räumten ein, dass sie in ihrem Denken einen »Kohlenstoff-Chauvinismus« verfolgten. Die erste Suche nach Leben jenseits der Erde begann am 28. Juli 1976 an der Landestelle Chryse Planitia, als *Viking 1* seinen Roboterarm ausstreckte und eine Handvoll Marsboden aufnahm, auf der Suche nach irgendetwas Interessantem in Form von organischer, auf Kohlenstoff basierender molekularer Aktivität. Denn solange wir nicht tatsächlich auf eine Art von Leben stoßen, das anders ist als alles, was wir bereits kennen – oder uns vorstellen können –, wie können wir wissen, wonach wir suchen sollen?

Wegen der beträchtlichen Funkzeitverzögerung zwischen der Übertragung der Befehle von der Erde und ihrem Empfang durch die *Viking*-Antenne war eine Echtzeitsteuerung der Experimente durch den Menschen unmöglich. Die Missionskontrolleure verließen sich darauf, dass *Viking* den Boden automatisch aufsammelte und die Proben gleichmäßig auf die verschiedenen Abteilungen des Mini-Labors verteilte. Sobald die Proben an Ort und Stelle waren, wurde eine Reihe von Experimenten gleichzeitig aktiviert, da sie sich wichtige Teile der unterstützenden Raumfahrzeug-Hardware, wie Heizungen, Gaspumpen und Datenaufzeichnungsgeräte, teilen mussten. Im Wesentlichen wurden dem Mars vier Fragen »gestellt«:

1. Gibt es im Boden einen Gasaustausch mit der Atmosphäre?
Das Experiment Gas Exchange (GEX) wurde von Vance Oyama und seinen Kollegen vom Ames Research Center der NASA in Kalifornien entwickelt. Es diente dem Nachweis von Gasübertragungen zwischen dem Marsboden und der umgebenden Atmosphäre. Eine Bodenprobe wurde einer feuchten Brühe aus potenziell nahrhaften Aminosäuren, Vitaminen und Kohlenhydraten ausgesetzt. Dann wurde die Atmosphäre in der winzigen Testkammer in regelmäßigen Abständen beprobt, um festzustellen, ob irgendetwas im Boden diese Nährstoffe verarbeitet und Abfallprodukte ausgestoßen hatte. Eine Filtereinheit siebte die Moleküle nach Größe. Bestimmte Arten von Molekülen würden sehr schnell passieren, andere langsamer, so wie ein Tintentropfen über ein Blatt Löschpapier sickert und sich in seine verschiedenen Bestandteile aufteilt. GEX könnte wichtige chemische Elemente wie Wasserstoff, Sauerstoff, Kohlendioxid und Stickstoff unterscheiden. Die *Viking*-Wissenschaftler konnten dann anhand der GEX-Messwerte auf das Vorhandensein einfacher organischer Moleküle schließen, wie sie in mikrobiellen Abfallprodukten der Erde vorkommen könnten. Die ersten GEX-Ergebnisse von Chryse Planitia sorgten für Aufregung, als die

Bodenprobe einen Sauerstoffstoß abgab, der den Druck in der Testkammer um das Fünffache ansteigen ließ. »Niemals zuvor haben wir eine derartig starke Reaktion bei einer der von uns untersuchten Erdproben gesehen, die kein Leben enthielten«, sagte der *Viking*-Wissenschaftler Gilbert Levin seinerzeit. Aber der Sauerstoffausbruch ließ nach, und die Spannung legte sich.

2. Wird im Boden Kohlenstoff freigesetzt?

Das LR-Experiment (Labeled Release) wurde von Levin entworfen, einem ehemaligen Sanitärwissenschaftler, der eher daran gewöhnt war, Schadstoffe in Trinkwasserproben auf der Erde aufzuspüren, als sie auf anderen Welten zu suchen. Eine Bodenprobe wurde zusammen mit einem Volumen der Marsatmosphäre in einen Behälter gegeben. Dann wurde der Boden mit einem Nährstoffnebel befeuchtet, der mit dem von *Viking* gelieferten radioaktiven Kohlenstoff-14 versetzt war. Wenn das Kohlenstoff-14 in die Bodenprobe gelangte und nie wieder auftauchte, wäre das ein langweiliges Ergebnis. Wenn hingegen irgendetwas im Boden einen leicht radioaktiven Hauch von Abfall ausstößt, wäre das ein großartiges Ergebnis. Levin bestand darauf, dass sein Experiment die positivsten aller biologischen Ergebnisse von *Viking* lieferte – so positiv, dass sie mit der Entdeckung von Leben vereinbar waren. Sobald Nährstoffe zugeführt wurden, registrierte der Strahlungszähler ein Atom nach dem anderen an Kohlenstoff-14, das vom Boden abgegeben wurde. Die Signale hielten sieben Marstage (Sols) lang an. Separate Kontrollproben des Bodens wurden durch Erhitzen sterilisiert, um alle möglichen organischen Verbindungen zu zerstören, bevor die LR-Tests auch an diesen Proben durchgeführt wurden. Nach dem Erhitzen waren die ungewöhnlichen LR-Reaktionen verschwunden. Irgendetwas im Boden schien die gleiche Art von Empfindlichkeit gegenüber dem Erhitzen zu zeigen, wie wir sie von Organismen erwarten.

3. Gibt es im Boden etwas, das Kohlenstoff absorbiert?

Das Experiment der pyrolytischen Freisetzung (PR), das von Norman Horowitz vom California Institute of Technology entwickelt wurde, war das Gegenteil von Levins LR-Experiment. Es suchte nach Kohlenstoff, der in den Marsboden eindringt, anstatt ihn zu verlassen. Ziel war es, Lebensformen zu finden, die möglicherweise Kohlendioxidgas aus der Marsatmosphäre einatmen und Kohlenstoff in ihren Stoffwechsel einbauen, so wie es Pflanzen auf der Erde tun. Die Testkammer der PR wurde von innen beleuchtet, um das Sonnenlicht zu simulieren. Dem Experiment wurden keine Nährstoffe zugesetzt, da man sich auf die pflanzenähnliche Chemie konzentrierte und davon ausging, dass die Mikroben auf dem Mars alles, was sie brauchen, aus dem Boden, der Atmosphäre und dem Sonnenlicht beziehen könnten, ohne zusätzliche Nahrung zu benötigen. In die Kammer wurde eine »falsche« Kohlendioxid-Atmosphäre eingeleitet, die mit den Kohlenstoff-14-Atomen von *Viking* versetzt war. Das PR-System lief fünf Tage lang, dann wurde das gesamte Gas abgepumpt und die Bodenprobe auf 600 °C erhitzt, mit dem Ziel, alle komplexen organischen Strukturen zu zerstören und ihren atomaren Rauch durch ein Strahlenmessgerät zu leiten. Wenn Kohlenstoff-14 aus dem Material auftauchte, würde dies darauf hindeuten, dass er durch etwas im Boden während dieses fünftägigen Laufs absorbiert wurde. Die Ergebnisse deuteten auf ein geringes Aktivitätsniveau hin. Die im Boden nachgewiesene Menge an radioaktivem Kohlenstoff war zwar gering, aber sie war vorhanden. Obwohl die ersten PR-Ergebnisse ermutigend waren, wollte sich Horowitz nicht festlegen. »Ich möchte betonen, dass wir kein Leben auf dem Mars gefunden haben«, sagte er vor Journalisten auf einer NASA-Pressekonferenz. »Die Daten, die wir erhalten haben, sind möglicherweise biologischen Ursprungs, aber die Biologie ist nur eine von mehreren alternativen Erklärungen, die ausgeschlossen werden müssen. Wir hoffen, alle bis auf eine der Erklärungen ausgeschlossen zu haben, welche auch immer das sein mag«. Die Journalisten waren sich damals nicht sicher, ob dies ein positiver oder negativer Bericht über die Frage des Lebens auf dem Mars war …

4. Enthält der Boden organische Verbindungen?

Der wichtigste Test von *Viking* war derjenige, der allen einen Strich durch die Rechnung machte. Der Gaschromatograph/Massenspektrometer (GC/MS) unter der Leitung von Klaus Biemann vom Massachusetts Institute of Technology unterschied sich von den GEX-, LR- und PR-Baugruppen und verfügte über eine Vorrichtung zur Zerkleinerung einer Bodenprobe in winzige Fragmente, die leicht verdampft werden konnten. Eine Bodenprobe wurde zu Dampf erhitzt, der an einem Strahl geladener Teilchen vorbeigeleitet wurde. Durch dieses Bombardement wurden den Molekülen einige Elektronen entrissen, so dass sie leicht positiv geladen waren. Nun konnten sie durch Magnetfelder abgelenkt werden. Massereiche Moleküle wurden von den Magneten weniger stark abgelenkt als weniger masseärmere. Am Ende ihrer kurzen, aber schnellen Reise prallten die Moleküle auf einen Schirm mit elektronischen Detektoren, wobei sie je nach ihrer Masse unterschiedliche Positionen einnahmen. Mit diesem verblüffenden Stück Technologie aus den 1970er-Jahren sollten die *Viking*-Lander organische Verbindungen aufspüren. Sie fanden keine.

Ein unwirtlicher Planet

Die *Mariner*- und *Viking*-Missionen haben uns wirklich gezeigt, dass der Mars die Bedingungen stellt, unter denen man sich ihm nähern kann. Er ist keine erdähnliche Welt. Nehmen wir zum Beispiel die Grundstruktur seiner felsigen Kruste. Die Erde hat sieben große tektonische Platten, aus denen die großen Kontinente und der Pazifische Ozean bestehen, und viele kleinere Platten. Der Mantel aus geschmolzenem Gestein, der sich unmittelbar unter diesen Platten befindet, ist ständig in langsamer Bewegung, so dass die Platten wie riesige Flöße auf ihm treiben. Diese Bewegungen machen nicht mehr als einige Zentimeter pro Jahr aus, aber über Zeitspannen von Hunderten von Millionen Jahren veränderten sie die Landschaft der Erde völlig.

Zwischen den Platten entstehen Risse, wenn sie auseinanderbrechen, und Gebirgszüge schieben sich dort nach oben, wo die Platten zusammenstoßen. Die Plattentektonik verschiebt vulkanische Kegel weg von den darunter liegenden Magmaquellen, und viele Vulkane verstummen schließlich. In der Zwischenzeit treiben die Hotspots neue Vulkane in die Höhe, wenn sich frische Kruste über sie bewegt. Die Hawaii-Inseln bilden eine lange Kette von Vulkanen, die auf diese Weise entstanden sind.

Im Gegensatz dazu sind der Olympus Mons und die anderen großen Marsvulkane ziemlich isoliert, so dass sie während ihrer gesamten Aktivitätszeit über ihren Mantel-Plumes (Mantel-Diapiren) an Ort und Stelle geblieben sein müssen. Das Muster der Krater in den Calderen verrät eine lange Geschichte mit mehreren Ausbrüchen an denselben Stellen. Die Kräfte, die die Marslandschaft geformt haben, waren nicht dieselben wie die, welche die Erde gestaltet haben.

Und dann ist da noch die Atmosphäre. Wo ist sie geblieben? Die *Mariner*- und *Viking*-Missionen haben uns viel über die unsichtbaren Einflüsse verraten, die das heutige Klima auf dem Mars geprägt haben. Das Innere des Planeten ist heute viel kühler als früher. Der wichtigste Indikator dafür ist das im Vergleich zur Erde nicht vorhandene Magnetfeld. Während sich unsere Welt um ihre Achse dreht, bewegt sich das eisenhaltige, geschmolzene Innere des Planeten geringfügig langsamer, so dass sich seine Rotationsgeschwindigkeit von derjenigen des äußeren Gesteinsmantels unterscheidet. Ein gewaltiger Dynamo-Effekt erzeugt starke Magnetfelder um die Erde. Diese lenken schädliche subatomare Teilchen ab, die aus dem Weltraum, insbesondere von der Sonne, auf uns zuströmen. Leider scheint der entsprechende Dynamo auf dem Mars in der Aus-Position eingefroren zu sein, so dass ihm der Schutzschild der Erde gegen Strahlung fehlt.

Und zu guter Letzt noch die Schwerkraft. Der Durchmesser des Mars ist nur halb so groß wie der der Erde, und seine Anziehungskraft erreicht nur rund 40% der irdischen. Der größte Teil der Marsatmosphäre ist in den Weltraum gedriftet, um dann von der Sonnenstrahlung weggerissen zu werden, weil es keinen magnetischen Schutzschild und nicht genug Schwerkraft gab, um sie festzuhalten. Die Atmosphäre ist heute äußerst dünn und wahrscheinlich immer noch am Schwinden. Für das Leben auf der Marsoberfläche ist das keine gute Nachricht, aber Mikroorganismen, die tief unter der Planetenkruste leben, könnten vor der Strahlung geschützt sein.

Noch lange nach Abschluss des *Viking*-Programms behaupteten Levin und seine Kollegin Patricia Straat, dass das GC/MS-System von *Viking* nicht empfindlich genug gewesen sei. Sogar Biemann räumte großzügig ein, dass die »Marswanzen« vielleicht zu dünn im Oberboden verteilt waren, um sein Instrument zu beeinflussen. Weitere Tests des GC/MS auf der Erde bestätigten, dass es sich zwar um ein hervorragendes Gerät handelte, dass es aber einfach nicht in der Lage war, so winzige Mengen an organischem Material zu erkennen. Während die NASA bekannt gab, dass sie keine zwingenden Beweise für Leben auf dem Mars gefunden hatte, behauptete Levin weiterhin, dass Leben entdeckt worden sei. Doch die allgemeine Meinung war düster: Der Mars war tot. Die NASA kehrte dem Mars für fast zwei Jahrzehnte den Rücken und verlor offenbar das Interesse.

»Die Flamme am Leben erhalten«

Die Begeisterung für den Mars nahm auch außerhalb der NASA-Gemeinde Gestalt an. In den 1970er-Jahren bildete sich an der Universität von Boulder, Colorado, eine von Studenten geführte Bewegung, die als »Mars Underground« bekannt wurde. Was als Randbewegung begann, zog bald Enthusiasten von weither an: Robert Zubrin, ein Luft- und Raumfahrtingenieur mit radikalen neuen Ideen über künftige bemannte Missionen; Carter Emmart, ein brillanter Künstler und Visualisierer von Missionsplänen; der einflussreiche Weltraumjournalist Leonard David; und die Mitbegründer von Mars Underground, die Biologin Penny Boston und der Physiker Steve Welch, gehörten zu den Hunderten von Befürwortern einer Rückkehr zum Roten Planeten. Im Jahr 1981 wurde die erste einer Reihe von »The Case for Mars«-Konferenzen abgehalten. Immer mehr große Na-

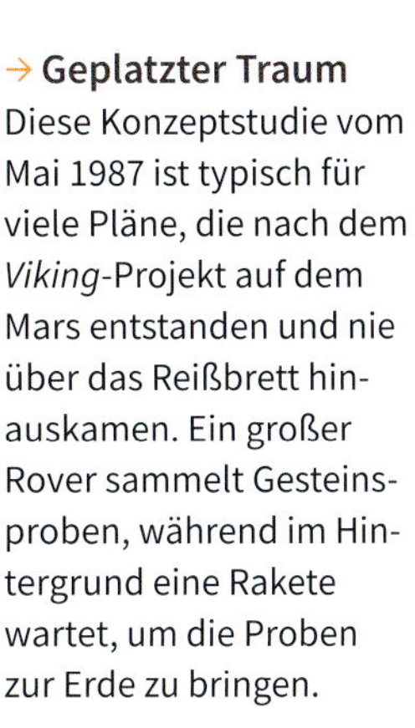

→ **Geplatzter Traum**
Diese Konzeptstudie vom Mai 1987 ist typisch für viele Pläne, die nach dem *Viking*-Projekt auf dem Mars entstanden und nie über das Reißbrett hinauskamen. Ein großer Rover sammelt Gesteinsproben, während im Hintergrund eine Rakete wartet, um die Proben zur Erde zu bringen.

men kamen hinzu, um zu sehen, was es damit auf sich hatte. Die NASA nahm dies zur Kenntnis, während sie neue Marsmissionen vorbereitete.

Am 21. August 1993 verlor die NASA den Kontakt zu ihrem kostspieligen neuen Flaggschiff, dem *Mars Observer*, als dieser gerade seine Triebwerke zünden und für eine Erkundungsmission in eine Umlaufbahn um den Mars eintreten wollte. Ein Treibstoffleck ließ die Sonde explodieren, als das Antriebssystem aktiviert wurde. Diese Katastrophe veranlasste die damaligen NASA-Chefs, »schnellere, bessere und billigere« Missionen zu fordern. Als die Ingenieurin des Jet Propulsion Laboratory (JPL), Donna Shirley, vorschlug, einen winzigen Rover zu einem bereits im Bau befindlichen kleinen Lander hinzuzufügen, waren ihre Kollegen skeptisch.

In der Zwischenzeit …

Im Juli 1996 gab ein Team von NASA-Wissenschaftlern bekannt, dass sie möglicherweise Spuren von versteinertem Marsleben auf der Erde entdeckt hatten. Zwölf Jahre zuvor war ein Geologenteam mit einem Motorschlitten über ein antarktisches Eisfeld gefahren, um auf den ansonsten steinfreien Eisflächen nach Meteoriten zu suchen. Der Schlitten hielt an, und eine junge Frau in einem Parka stieg aus. Ihr war etwas ins Auge gefallen: ein kleiner dunkler Klumpen von der Größe einer Kartoffel, der halb im Eis versunken war. »Hey, der sieht gut aus!«, rief sie. Mehr als ein Jahrzehnt später stand Roberta Score, Mitglied eines Meteoritenjagdteams der U.S. National Science Foundation, vor Dutzenden von Kameras in Washington, D.C., um zu erklären, was sie in den abgelegenen Eisfeldern der Allen Hills in der Antarktis entdeckt hatte. Vor etwa 15 Millionen Jahren wurde das als Allen Hills (ALH) 84001 bekannte Gesteinsfragment von einem anderen Meteoriten, der wahrscheinlich aus dem Asteroidengürtel kam, beim Einschlag auf dem Mars ins All geschleudert. ALH84001 entkam der Anziehungskraft des Roten Planeten und umkreiste die Sonne. Vor etwa 13 000 Jahren kam er der Erde so nahe, dass er von ihr angezogen wurde, durch die Atmosphäre fiel und in der Antarktis landete. Durch seinen feurigen Vorbeiflug erhitzt, schmolz er das Eis, auf das er aufschlug, und vergrub sich unter der Oberfläche. Nach kurzer Zeit gefror das Schmelzwasser um ihn herum wieder und versiegelte den Meteoriten an seinem Platz. Im Laufe der Jahrtausende wurde er durch Wind- und Eisbewegungen allmählich freigelegt, bis Score ihn eines Tages auf der Eisoberfläche liegen sah. »Er sah sehr grün aus. Es fiel mir sofort auf, dass er seltsam war.« Wie seltsam, war nicht sofort ersichtlich. Die Probe ALH84001 wurde als gewöhnliches Asteroidenfragment registriert. Sie wurde zum Johnson Space Center (JSC) der NASA in Houston gebracht. Neun Jahre lang lagerte sie dort. Im Jahr 1995 wurde er schließlich von dem JSC-Wissenschaftler David McKay und seinem Kollegen Everett K. Gibson untersucht. Sie fanden mikroskopisch kleine orangefarbene Flecken im Inneren des Meteoriten. Auf den ersten Blick sehen diese kohlen-

← **Botschafter von der Erde**
Techniker überprüfen die Raumsonde *Mariner 4* vor ihrem Start am 28. November 1964.

→ **Historisches Foto**
Nach einer achtmonatigen Reise zum Mars war *Mariner 4* die erste Raumsonde, die Nahaufnahmen von einem anderen Planeten machte. Dieses Bild, das im Juli 1965 entstand, zeigt ein Gebiet mit einem Durchmesser von etwa 322 km nahe der Grenze zwischen Elysium Planitia und Arcadia Planitia.

stoffreichen Flecken wie mineralische Ablagerungen aus, die häufig von anaeroben (sauerstoffarmen) Bakterien auf der Erde auf Gesteinsoberflächen hinterlassen werden. Die Flecken waren reich an Kalzium und Mangan und mit Eisenkarbonaten und Eisensulfiden durchsetzt. Die Schichtung verschiedener Materialien auf so kleinem Raum deutet auf einen komplexeren Ursprung hin, als es die nichtlebende Chemie allein vermag.

Am 6. August 1996 gab die NASA eine offizielle Pressemitteilung heraus, in der sie »eine verblüffende Entdeckung bekannt gab, die auf die Möglichkeit hinweist, dass eine primitive Form mikroskopischen Lebens vor mehr als drei Milliarden Jahren auf dem Mars existiert haben könnte«. Zwei Tage später teilte Präsident Bill Clinton der Welt mit: »Wenn sich diese Entdeckung bestätigt, wird sie sicherlich eine der verblüffendsten Einsichten in unser Universum sein, die die Wissenschaft je aufgedeckt hat.« Enttäuschend ist, dass die Hinweise in ALH84001 alle in mineralischer Form vorliegen. Für sich genommen lässt sich jeder Hinweis auf Leben durch anorganische Prozesse er-

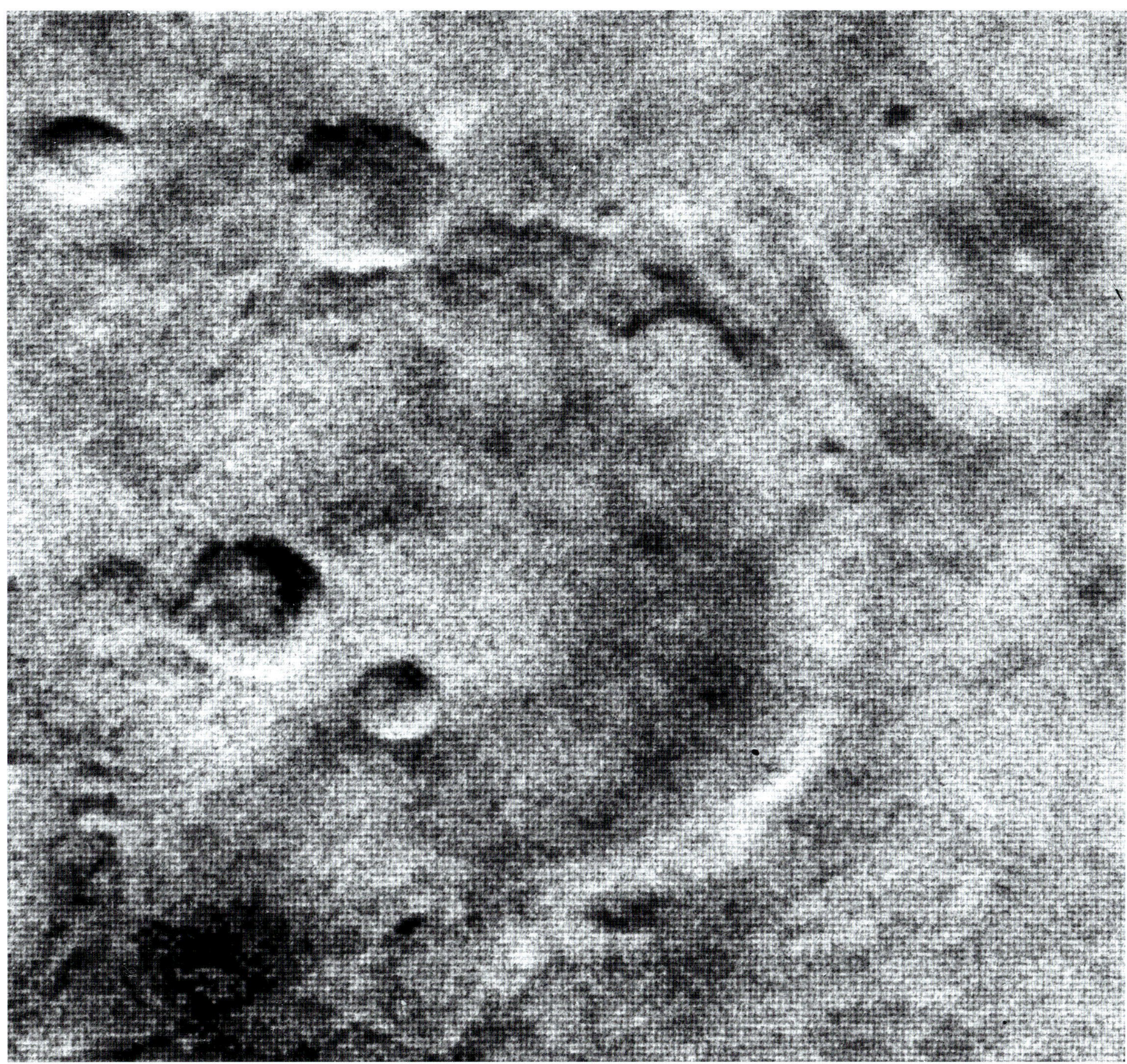

klären. Insgesamt sind ungewöhnlich viele Anomalien in einer einzigen Gesteinsprobe gebündelt, aber ein Vierteljahrhundert später wissen wir immer noch nicht zweifelsfrei, welche Geheimnisse in diesem Gestein stecken – oder eben nicht.

Sicherlich hat die anfängliche Begeisterung, die ALH84001 ausgelöst hat, den Appetit der Öffentlichkeit auf den Mars neu entfacht. Plötzlich stand die von der JPL-Ingenieurin Donna Shirley befürwortete kleine, kostengünstige Rover-Mission im Mittelpunkt – und sie funktionierte. ▶|

↑ **Enttäuschende Kraterlandschaft**
Ein weiteres Bild aus der Sequenz von 22 Fotos der *Mariner 4* zeigt einen Krater mit einem Durchmesser von 151 km, der von kleineren Kratern umgeben ist. Auf den ersten Blick fürchtete man die entmutigende Monotonie einer mondähnlichen Oberfläche zu sehen.

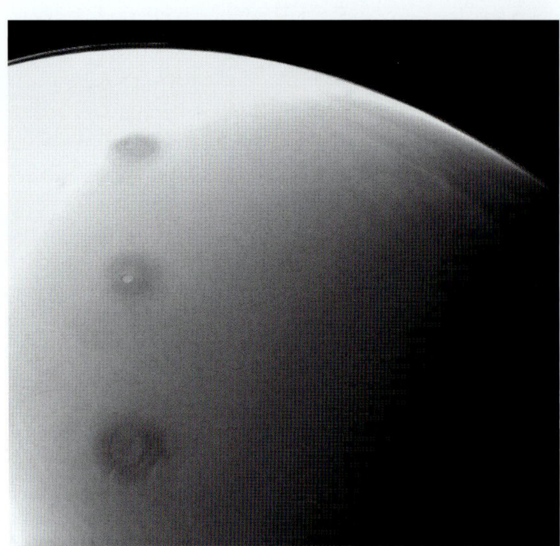

← Mächtige Gipfel

Im Dezember 1971 veröffentlichte die NASA das erste Bild von dunklen Flecken, die aus dem Dunst eines planetenweiten Staubsturms auftauchten. Dieser Sturm hatte die ersten Versuche von *Mariner 9*, den Mars aus der Umlaufbahn zu kartieren, vereitelt. Als sich der Staub verzog, wurde klar, dass es sich um die Gipfel riesiger Vulkane handelte.

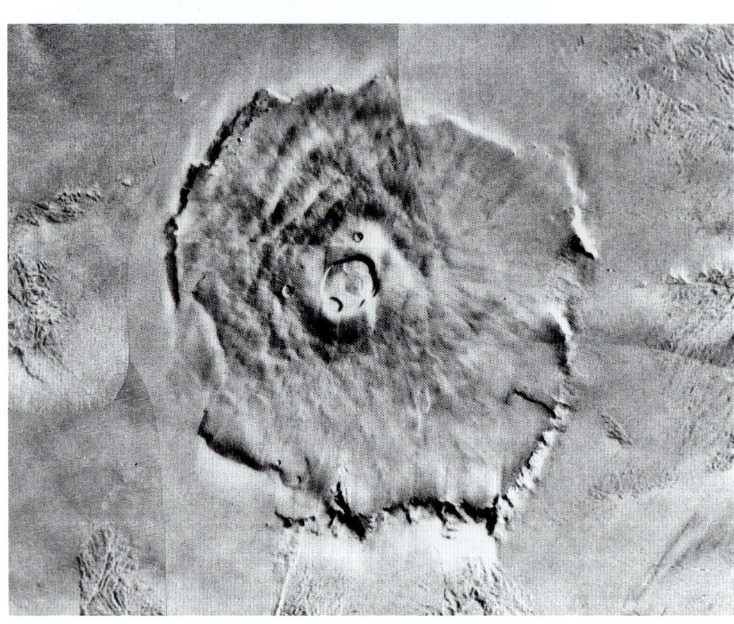

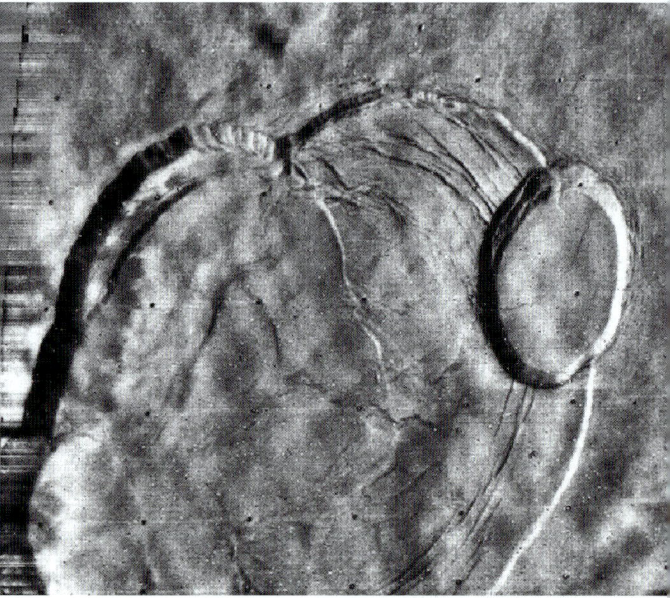

↑ Gigantischer Vulkan

Ein Mosaik aus mehreren Bildern des Olympus Mons, aufgenommen von *Mariner 9* im Jahr 1972, und (rechts) eine nähere Ansicht der Caldera, die Hinweise auf mehrere Ausbrüche zeigt. Der Vulkan ist in Gänze etwa so groß wie Polen und sein letzter Ausbruch fand vor etwa 25 Millionen Jahren statt.

→ Riesige Lavafelder

In den späten 1970er-Jahren machten die beiden *Viking*-Orbiter Farbaufnahmen vom Mars. Monochrome Scans wurden durch verschiedene Farbfilter aufgenommen und dann übereinandergelegt. Dies ist der Blick des *Viking 1 Orbiter* auf Olympus Mons, aufgenommen am 22. Juni 1978. Olympus Mons ist ein Schildvulkan, der sich aus dünnflüssiger Lava gebildet hat, die sich in alle Richtungen verteilte und eine ausgedehnte Fläche bildete.

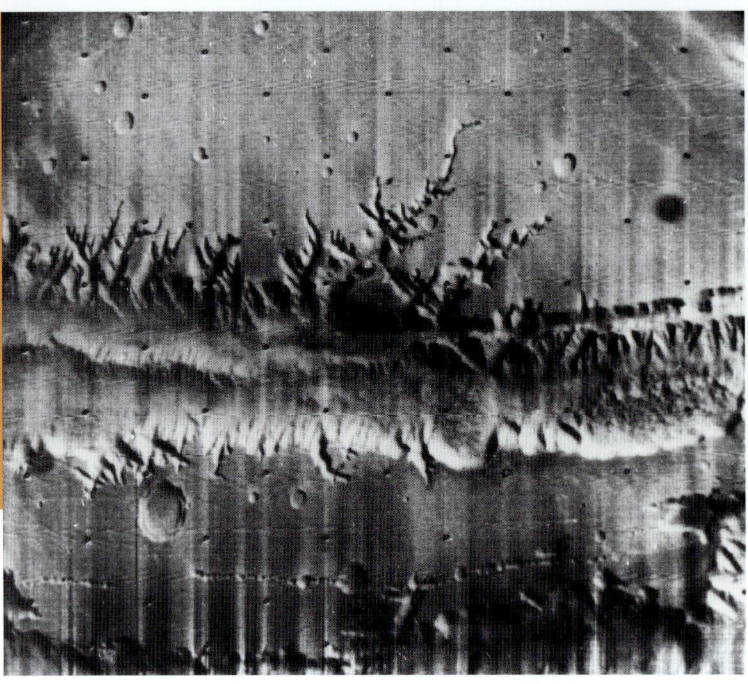

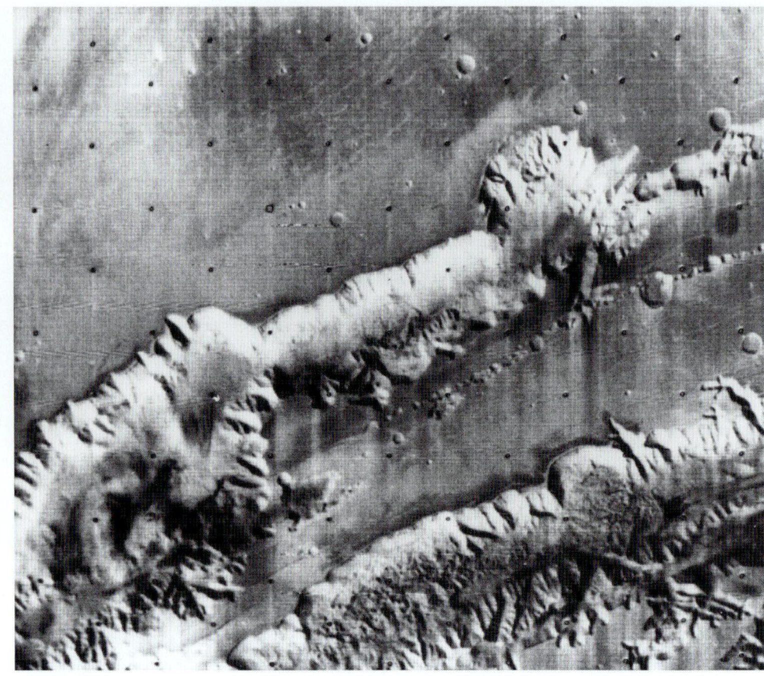

↑→ Schluchtensystem
Nahaufnahmen von *Mariner 9* aus dem Jahr 1972 (oben) von Teilen des Valles-Marineris-Schluchtensystems und (unten rechts) ein Pressefoto der NASA mit einem Umriss der USA, um die riesigen Dimensionen zu verdeutlichen. Noctis Labyrinthus ist im Westen sichtbar.

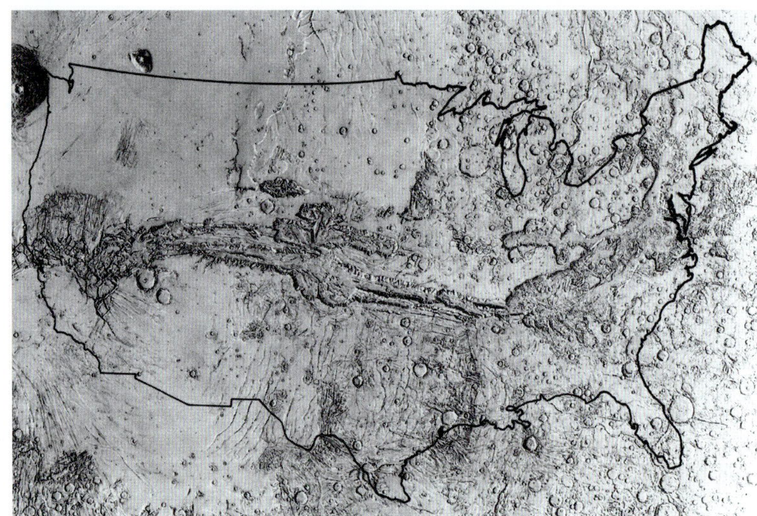

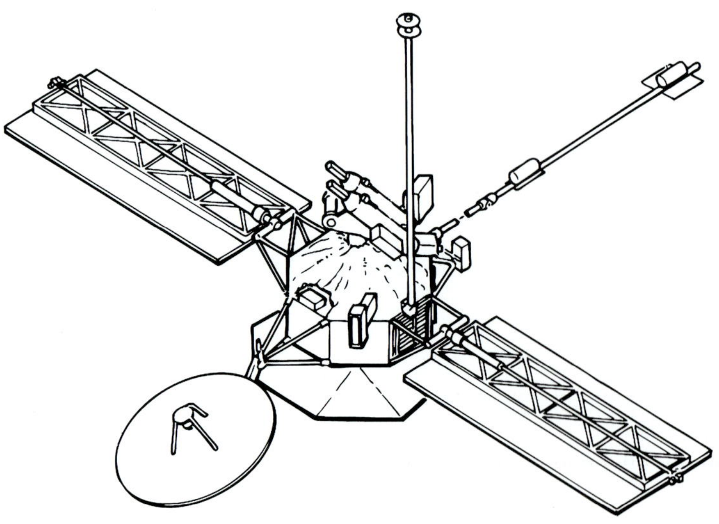

→ Bildmosaik
Mehr als 100 *Viking*-Bilder vom 22. Februar 1980 wurden für diese Ansicht des Valles-Marineris-Schluchtensystems kombiniert, das über 3200 km lang, 600 km breit und 8 km tief ist. Drei Vulkane sind sichtbar: Ascraeus Mons (oben), Pavonis Mons (Mitte) und Arsia Mons (unten). Der Olympus Mons liegt außerhalb des Bildes im Nordwesten. Alle vier Vulkane sitzen auf einem riesigen erhöhten Krustenbereich, der als Tharsis-Beule bekannt ist. Sie entstand vor langer Zeit durch den Druck des darunter liegenden Magmas.

←→ Mars-Wetter
Die *Viking*-Orbiter fotografierten in den Valles Marineris deutlich sichtbare Nebelfelder aus Wasser- und Kohlendioxid-Eis, was auf kalte Wintertemperaturen hindeutet. Das tiefgelegene Terrain auf den Böden von Schluchten und Kratern ist wärmer, weil dort die Atmosphäre am dichtesten ist. Eisnebel entsteht, wenn sich der Mars am sonnenfernsten Punkt seiner Umlaufbahn befindet.

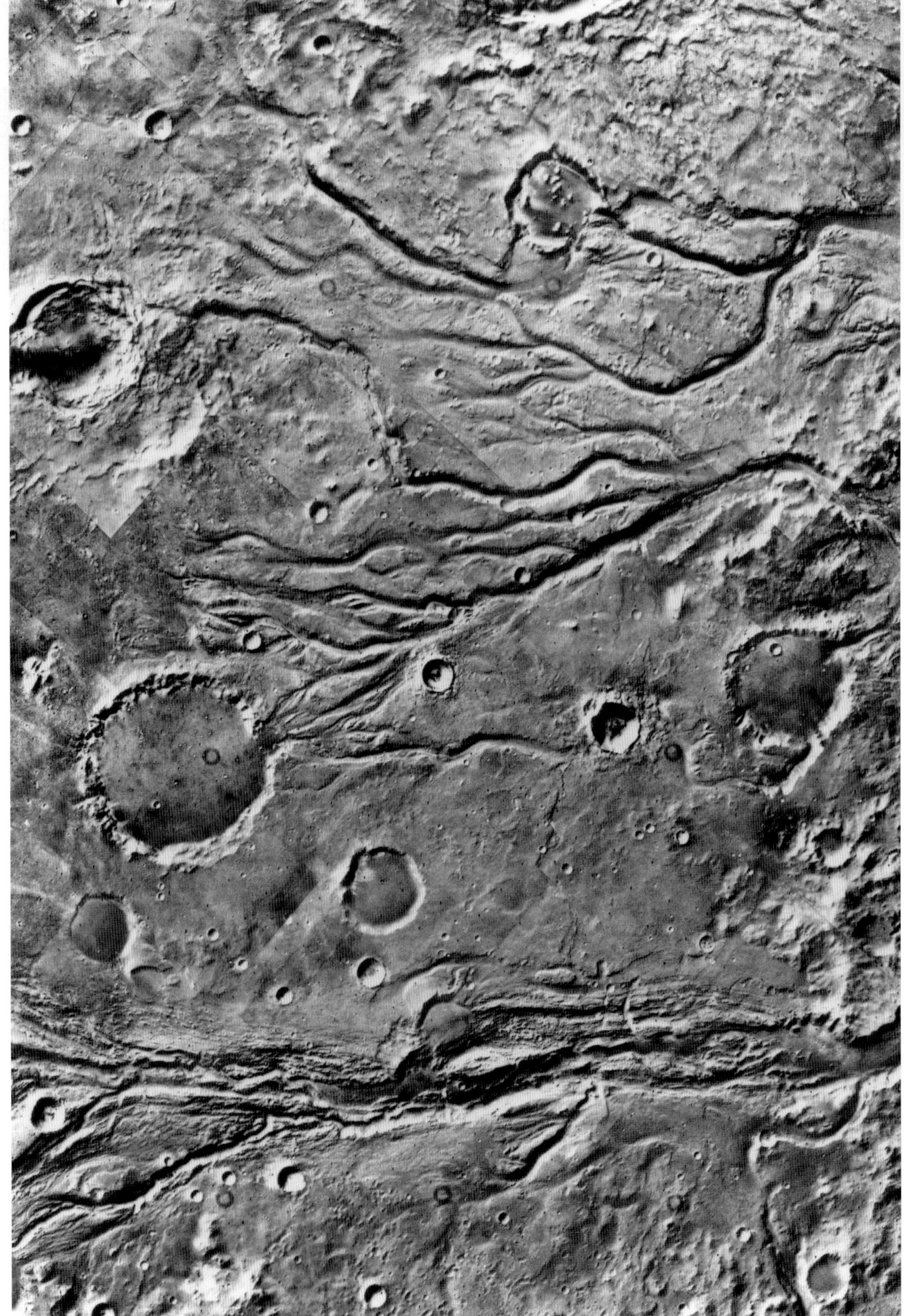

→ **Reißende Fluten**
Ein Mosaik von *Viking Orbiter* zeigt die zerkraterten Ebenen und das Hochland von Lunae Planum, westlich von Chryse Planitia (wo *Viking 1* aufsetzte). Die flussähnlichen Rinnen wurden wahrscheinlich durch große Überschwemmungen vor langer Zeit geformt.

↓ **Handwerkskunst**
Die NASA-Planetologin Patsy Conklin arbeitet an einer Reihe von Bildern, die 1972 von den *Viking*-Orbitern aufgenommen wurden. Vor der Ära digitaler Bildverarbeitung mussten die einzelnen Fotos von Hand übereinandergelegt und zusammengeklebt werden, um die beeindruckenden Panoramaansichten zu erhalten.

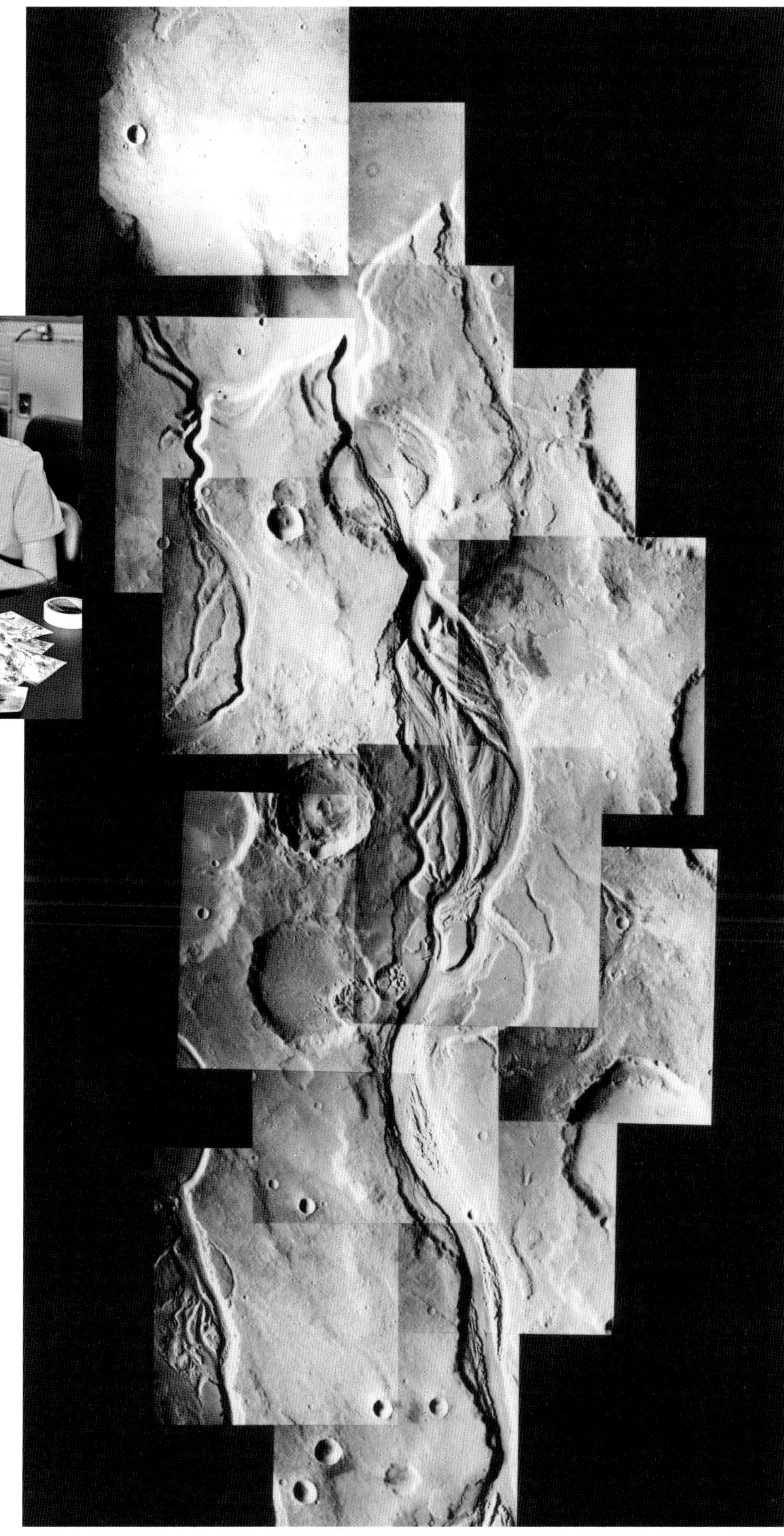

→ **Flusslandschaften**
Eine zusammengesetzte Ansicht des *Viking*-Orbiters von Mangala Valles, einem komplexen Kanalsystem mit einer Länge von mehr als 900 km. Die Fließrichtung geht nach Norden, in Richtung Amazonis Planitia. Dies ist eines von vielen Anzeichen dafür, dass es auf dem Mars in der Vergangenheit fließendes Wasser gab.

→ **Eiswirbel**
Ansicht des Polareises von *Viking* aufgenommen. Die kalten Wintertemperaturen in Verbindung mit der Änderung des Umgebungsdrucks, wenn Kohlendioxid aus der Atmosphäre gefriert, erzeugen starke Winde, die sich bei der Rotation des Planeten spiralförmig ausbreiten und das Eis in dieses charakteristische Muster formen.

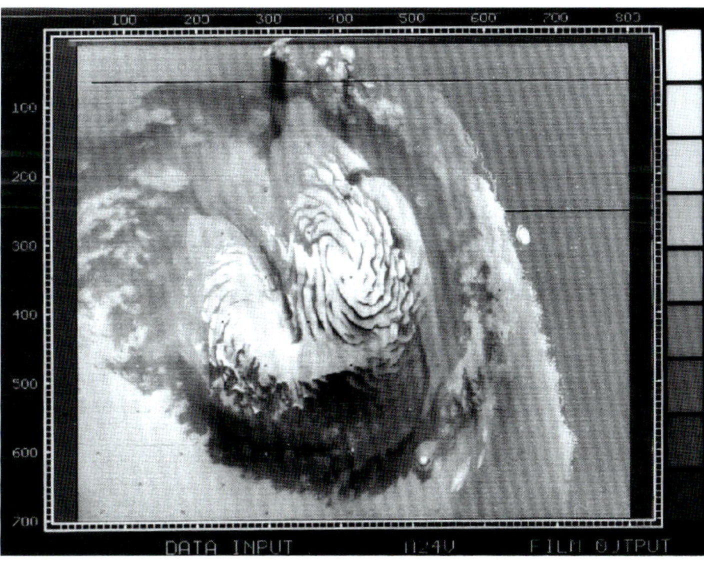

←↑ **Die Pole**
Aufnahmen des Mars-Nordpols von *Mariner 9* aus dem Jahr 1973. In diesen Regionen dominiert mit Staub und Erde vermischtes Wassereis, doch im tiefen Winter sammeln sich über dem Eis zusätzliche Schichten aus gefrorenem Kohlendioxid. Wenn die Temperaturen im Winter sinken, bilden sich über den Polen Wolken aus Wassereis und Kohlendioxid (»Trockeneis«). Wenn der Frühling zurückkehrt, verwandelt sich ein Teil des Kohlendioxid-Eises von Eis zu Gas, ohne eine flüssige Phase zu durchlaufen.

→ **Riesige Steinbrüche** Schrägansicht von Ophir Chasma, einem Teil des Valles-Marineris-Schluchtensystems, aufgenommen von *Viking*. Die glatten Hänge der Ophir-Wände sind durch erosiven Einsturz entstanden. An den Böden der Canyonwände auf der Nordseite haben sich ungeordnete Materialhaufen angesammelt, die auf Erdrutsche hindeuten.

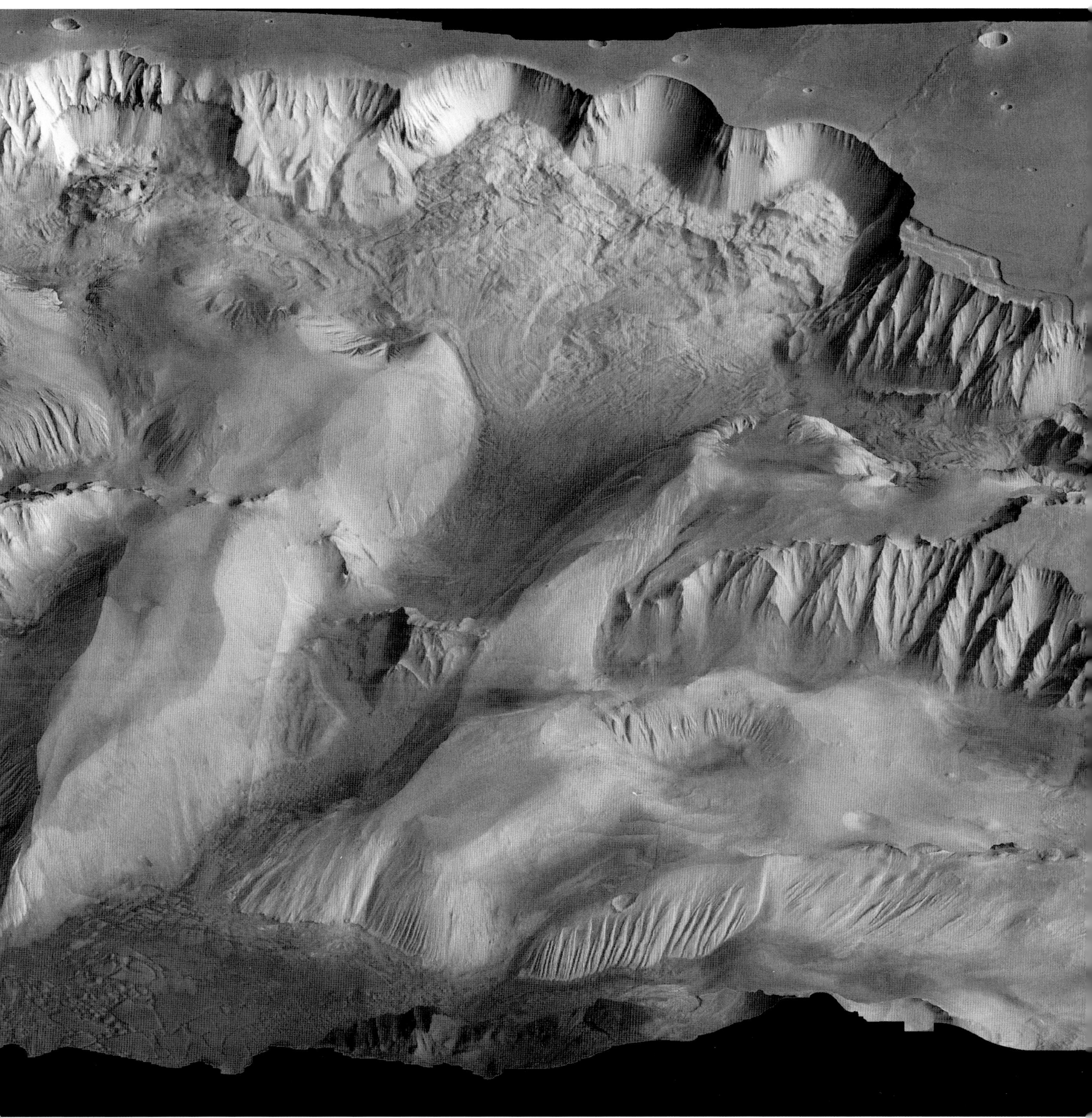

↑ **Unterwegs zum Mars**
Don Davis' Gemälde (oben) eines *Viking*-Landegeräts, das sich gerade vom Orbiter abgekoppelt hat und im Hitzeschild für den Atmosphäreneintritt steckt.

← **Etappen der Landung**
Russ Arasmiths Darstellung der *Viking*-Landesequenz. Nach dem Eintritt in die Marsatmosphäre entfaltet sich der Fallschirm. Der Hitzeschild löst sich und gibt den Lander frei, der sich dann seinerseits ablöst, um mit seinen Landeraketen sanft aufzusetzen.

→ **Viking ist gelandet**
Jim Butchers Illustration einer *Viking*-Landefähre, die mit ihrem ausfahrbaren Roboterarm Proben sammelt, erschien Mitte der 1970er-Jahre auf NASA-Plakaten.

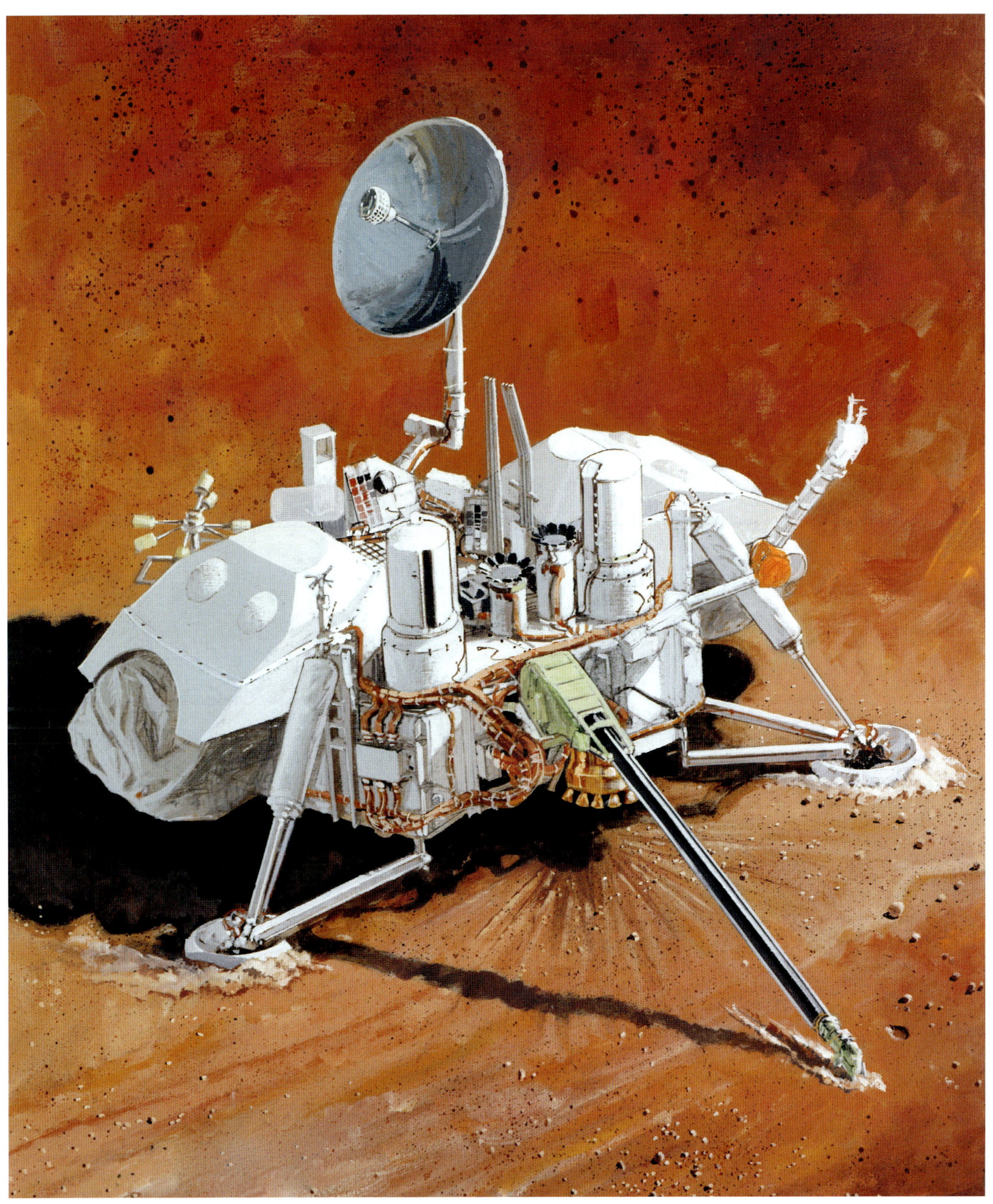

→ Vom Traum zur Wirklichkeit
Der Planetenforscher Carl Sagan posiert mit einem Testmodell eines *Viking*-Landegeräts im Death Valley, Kalifornien. Sagan half bei der Auswahl der Landeplätze.

 **Multitalent**
Charles Bennett war Ingenieur bei Martin Marietta, dem Unternehmen, das im Auftrag des Jet Propulsion Laboratory (JPL) der NASA die *Viking*-Lander baute. Bennett war auch ein begabter Künstler. Hier sein 1973 entstandenes Gemälde eines *Viking*-Landegeräts auf der Marsoberfläche beim Einsammeln von Bodenproben.

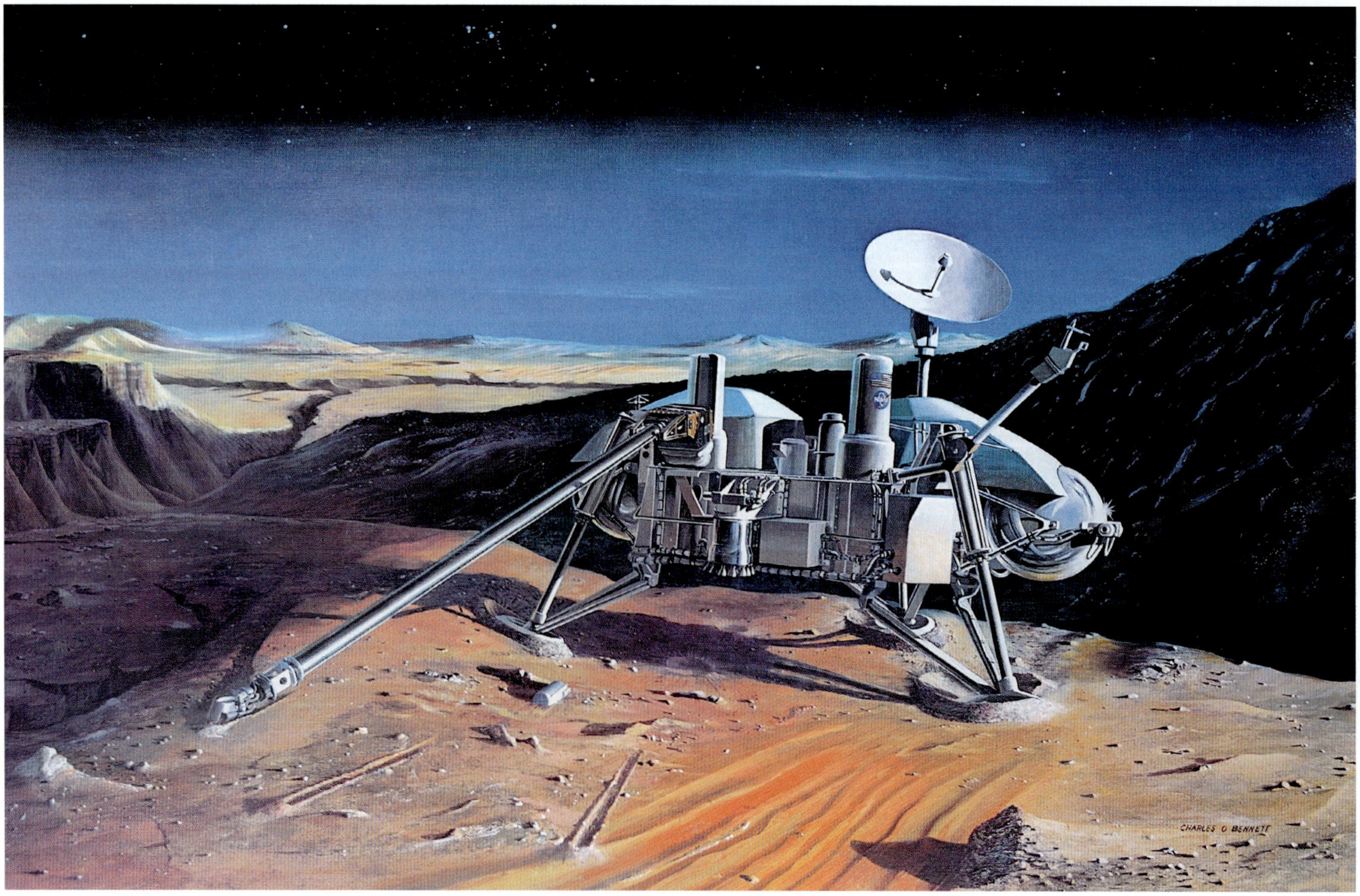

↑ **Beweisfoto**
Das erste Bild (oben), das jemals auf der Marsoberfläche entstand, aufgenommen von *Viking 1* am 20. Juli 1976, kurz nach der Landung auf Chryse Planitia.

↓ **Abwechslungsreiches Panorama**
Die Zwillingskameras von *Viking* konnten gedreht werden, um verschiedene Bereiche des Landeplatzes zu betrachten. Das erste Bild zeigt ein Dünenfeld mit ähnlichen Merkmalen wie in den Wüsten der Erde sowie Teile des Landers. Im unteren Foto ist ein Teil des Instrumentenauslegers von *Viking 1* zu sehen, der eine Miniatur-Wetterstation trug.

» Heute haben wir den Mars berührt. Es gibt Leben auf dem Mars, und wir sind es – Erweiterungen unserer Augen in alle Richtungen, Erweiterungen unseres Geistes, Erweiterungen unseres Herzens und unserer Seele haben heute den Mars berührt. Das ist die Botschaft, nach der wir dort suchen müssen: Wir sind auf dem Mars. Wir sind die Marsianer! «

Ray Bradbury, 20. Juli 1976

↓ **Ist das der »wahre« Himmel?**
Die ersten Farbaufnahmen der *Viking*-Kameras ließen einen blauen Himmel vermuten. Es dauerte eine Weile, bis die NASA eine genaue Version der Marsszenerie kalibrieren konnte. Der Himmel kann in der Abenddämmerung bläulich erscheinen, aber tagsüber ist er wegen des ständigen Staubes meist rötlich-braun. Die Farben werden wie auf der Erde von der Jahreszeit und der Tageszeit beeinflusst.

→ **Experimentierkasten**
Ein Diagramm aus der NASA-Pressemitteilung vom Jahr 1976. Es zeigt das geniale und unglaublich kompakte biologische Experimentiersystem des *Viking*-Landers, das etwa die Größe einer herkömmlichen Autobatterie hatte.

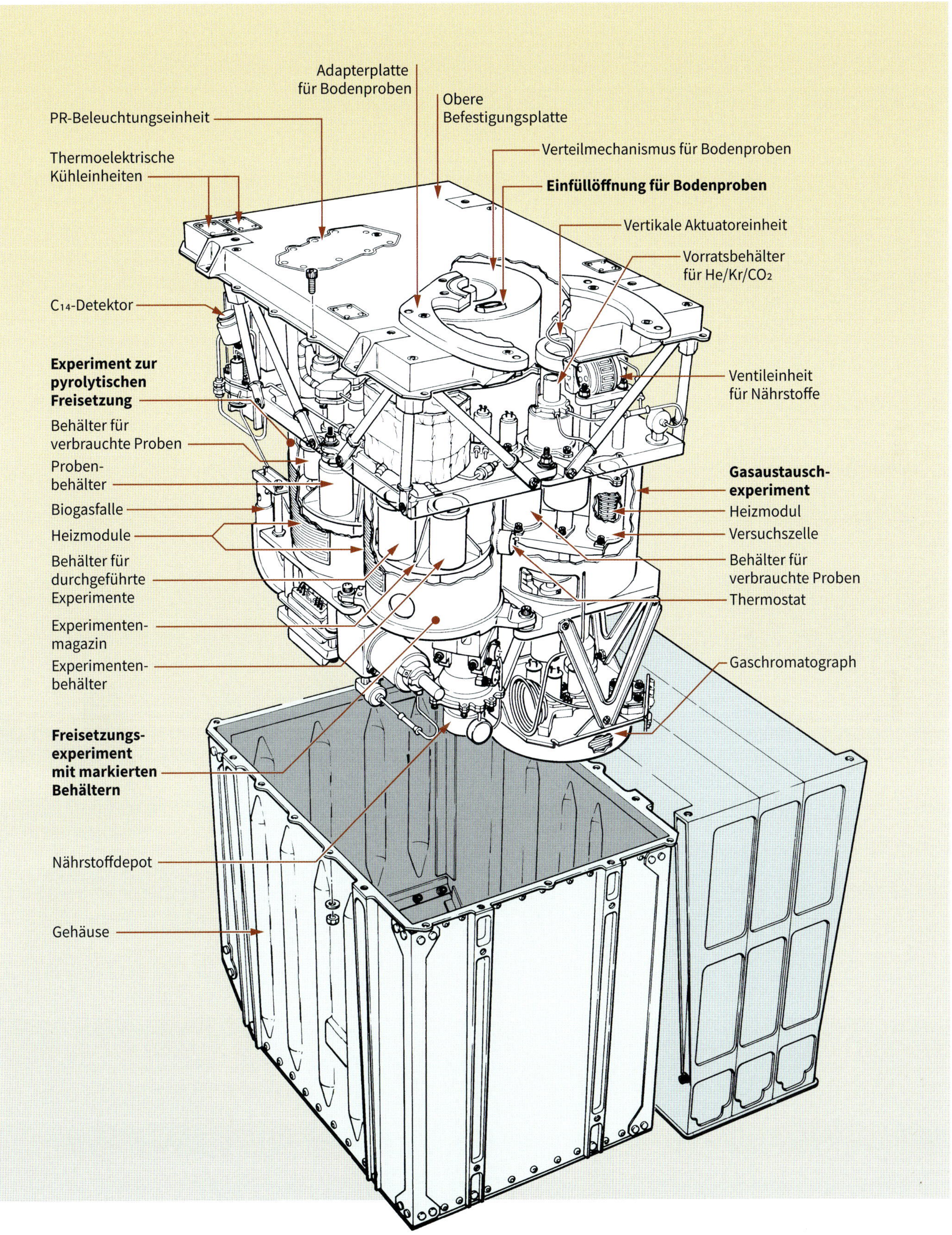
Adapterplatte
für Bodenproben
Obere
Befestigungsplatte
PR-Beleuchtungseinheit
Thermoelektrische
Kühleinheiten
Verteilmechanismus für Bodenproben
Einfüllöffnung für Bodenproben
Vertikale Aktuatoreinheit
Vorratsbehälter
für He/Kr/CO2
C14-Detektor
Experiment zur
pyrolytischen
Freisetzung
Ventileinheit
für Nährstoffe
Behälter für
verbrauchte Proben
Proben-
behälter
Gasaustausch-
experiment
Biogasfalle
Heizmodul
Heizmodule
Versuchszelle
Behälter für
durchgeführte
Experimente
Behälter für
verbrauchte Proben
Thermostat
Experimenten-
magazin
Experimenten-
behälter
Gaschromatograph
Freisetzungs-
experiment
mit markierten
Behältern
Nährstoffdepot
Gehäuse

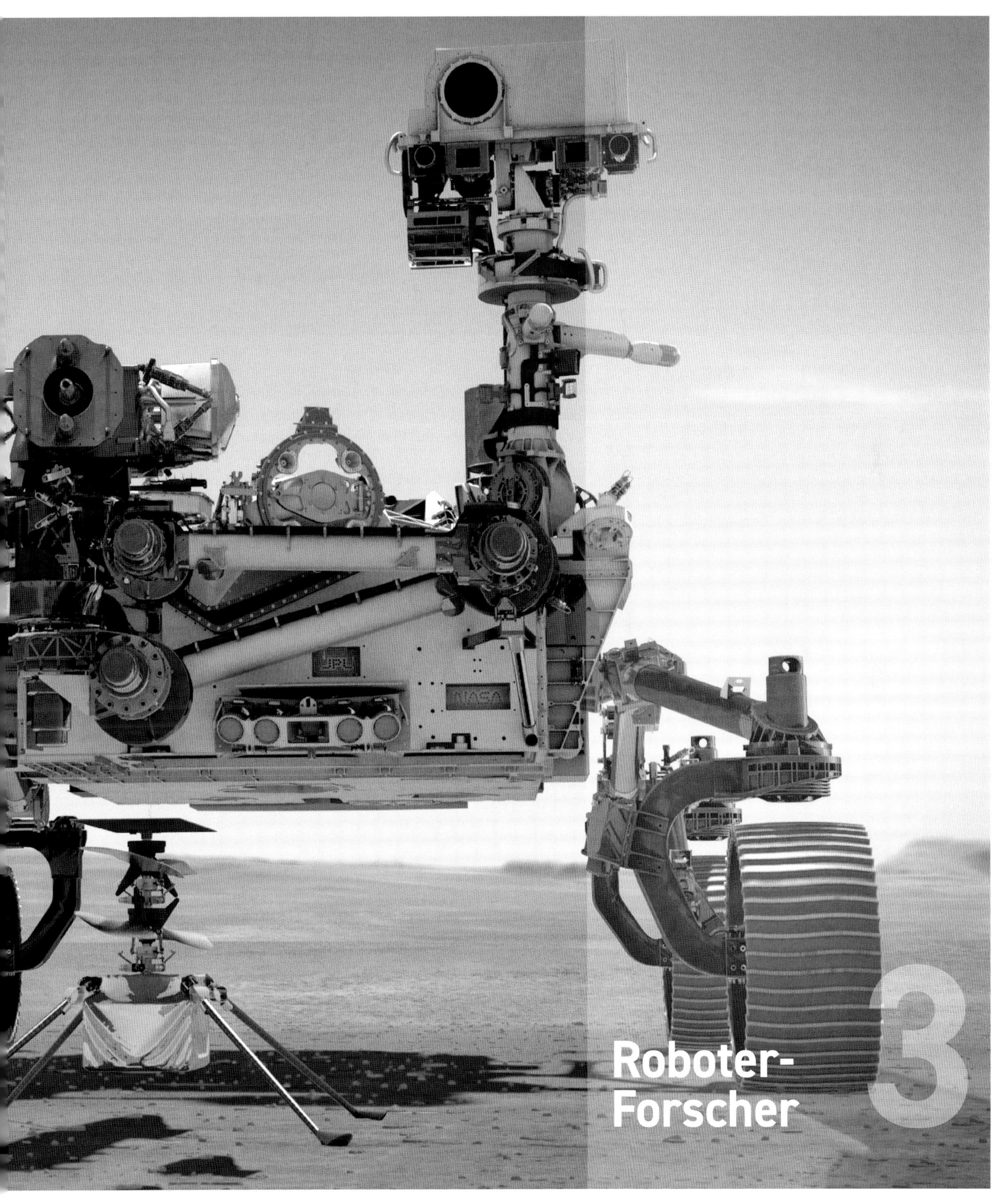

3 Roboter-Forscher

3

Roboter-Forscher

Auf der Suche nach Leben, Vergangenheit oder Gegenwart

Am 4. Juli 1997, als die Vereinigten Staaten ihren Unabhängigkeitstag feierten, fiel ein tetraedrisches Gebilde aus braunen, gasgefüllten, kugelförmigen »Luftsäcken« vom Marshimmel und hüpfte 15-mal über ein Zielgebiet in Ares Vallis, bevor es im Staub liegenblieb und zum Stillstand kam. Im Inneren dieser skurrilen Konstruktion befand sich *Pathfinder*. Es war die Rückkehr der NASA auf die Marsoberfläche nach über zwei Jahrzehnten.

Die Luftsäcke entleerten sich dann in einer koordinierten Abfolge. Eine kleine pyramidenartige Struktur, der *Pathfinder Lander*, lag im Inneren des Stoffhaufens verborgen. Dann klappte er auf und enthüllte ein Trio dreieckiger Solarpaneele und – an eines der Paneele geschnallt – *Sojourner*, einen sechsrädrigen Rover von der Größe eines Mikrowellenherds. Nachdem die zwölfjährige Valerie Ambroise aus Bridgeport, Connecticut, einen Aufsatzwettbewerb der NASA gewonnen hatte, benannte sie den kleinen Rover zu Ehren von Sojourner Truth, einer afroamerikanischen Anti-Sklaverei-Aktivistin aus der Zeit des Bürgerkriegs.

Missionsmanagerin Donna Shirley hatte sich für die Hinzufügung eines Rovers zum *Pathfinder Lander* eingesetzt. »Ich wusste, dass *Sojourner* auf großes Interesse stoßen würde, weil er so niedlich ist«, erzählte sie NASA-Historikern. »Wir wollten die Wissenschaftler davon überzeugen, dass sie einen Rover brauchen, also nutzten wir jede Gelegenheit, um in die Medien zu kommen. Ich war diejenige, die entschied, dass der Rover einen weiblichen Namen tragen sollte. Und da das Team zum größten Teil aus Männern bestand, gab es darüber einige Unmutsäußerungen.«

Brian Cooper, einer der »Fahrer« von *Sojourner*, sagte: »Die Maschine war intelligent und einfallsreich und übertraf alle unsere kühnsten Erwartungen, aber sie konnte manchmal auch bockig sein. Die nächtlichen Temperaturen auf dem Mars waren so kalt, dass der Rover quasi immer in Ohnmacht fiel. Jeden Morgen mussten wir ihn mit ein wenig Wärme aus seinen internen Batterien aufwecken, bevor die Sonne aufging, und wir konnten die Sonnenkollektoren auf seinem Dach nutzen, um etwas Energie zu erzeugen.«

Das Fahren in Echtzeit per Fernsteuerung war natürlich wegen der Funkzeitverzögerung zwischen Erde und Mars unmöglich. Stattdessen wurde eine Reihe allgemeiner Anweisungen übertragen, die der Rover befolgen sollte. Die Daten von *Sojourners* winzigen Stereokameras und Laserentfernungsmessern wurden auf der Erde in Stereo-Brillen eingespeist, so dass die Kontrolleure sichere Routen festlegen konnten, die der Rover dann abfuhr. Die Medien weltweit feierten *Pathfinder*, als hätte die NASA den Mars noch nie zuvor erreicht. Das erste Farbbild, das von der Oberfläche ausgestrahlt wurde, schaffte es auf die Titelseite einer Sonderausgabe des *Time Magazine*, und auch alle großen Zeitungen brachten das Bild auf ihren Titelseiten. Die NASA-Websites verzeichneten innerhalb von vier Wochen eine halbe Milliarde »Hits« und brachen für die damalige Zeit alle Rekorde. Carl Sagan, der Vorkämpfer für die Erforschung des Mars, konnte die Freude leider nicht mehr teilen. Er starb im Dezember 1996 im Alter von nur 62 Jahren. Unmittelbar nach der Ankunft von *Pathfinder* gab die NASA bekannt, dass der Landeplatz fortan Sagan Memorial Station genannt werden würde.

Die wissenschaftliche Ausbeute von *Pathfinder* war kurz, aber bedeutend. Er fand Beweise für frühere Überschwemmungen in Ares Vallis, wie beispielsweise rundgeschliffene Kieselsteine, Sedimentschichten und Felsen, die anscheinend durch schnelles Wasser in bestimmte Positionen verschoben wurden. Die NASA hatte erwartet, dass die »Technologie-Demonstrations«-Mission von *Pathfinder* zwischen einer Woche und einem Monat dauern würde, ehe dem Rover der Strom ausging. *Sojourner* und *Pathfinder* hielten allerdings fast drei Monate durch – und das alles für rund 300 Millionen Dollar, was kaum mehr als der Preis eines Hollywood-Blockbusters war.

←← **Milliarden-Glücksspiel**
Computerdarstellung des Rovers *Mars 2020 Perseverance*, mit dem Drohnenhubschrauber *Ingenuity* im Vordergrund.

Nahaufnahmen von Mike Malin

Mars Global Surveyor (MGS) hob am 10. November 1996 an Bord einer Delta-II-Rakete ab und trug eine Reihe von Instrumenten an Bord, die Duplikate der 1993 an Bord des *Mars Observer* verlorenen Instrumente darstellten. Es handelte sich insbesondere um Kamerasysteme, die von Mike Malin entwickelt worden waren, einem Experten für Bildgebung, der seit langem die Idee vertrat, dass es vom Orbit aus mehr zu entdecken gäbe, als die frühen *Mariner*-Missionen vermuten ließen, weil die Kamerasysteme von *Mariner* aus den 1960er-Jahren keine Details auflösen konnten, die kleiner als 0,5 km waren.

Unglaublicherweise waren ein oder zwei prominente NASA-Wissenschaftler damals der Meinung, dass die *Mariner*- und *Viking*-Sonden uns mehr oder weniger alles über die Geografie des Mars gesagt hätten. Aber Malins Kameras konnten Merkmale erkennen, die so klein wie ein Auto waren. Dies sollte sich als ein revolutionärer Schritt in unserem Verständnis des Planeten erweisen. MGS hatte auch einen Präzisionsradar-Höhenmesser und andere Geräte an Bord, die in Verbindung mit den Kameras eine detaillierte Kartierung ermöglichten. Spektrometer und Wärmebildsysteme waren in der Lage, nach Wasser direkt unter der Oberfläche des Planeten zu suchen. Die Sonde trug ein Untersystem namens Mars Relay, ein Kommunikationsgerät zur Unterstützung künftiger Landemissionen. MGS war zwei Jahrzehnte lang in Betrieb, bis ein unbeabsichtigter Softwarebefehl die Sonde in einen »sicheren Modus« versetzte, aus dem sie nie mehr erwachte. Aber die Mission war dennoch ein voller Erfolg.

Eine letzte »schnellere, bessere, billigere« Mission, der 125 Millionen Dollar teure *Mars Climate Orbiter*, erreichte die Umlaufbahn im September 1999 nicht, weil in der Navigationssoftware metrische und imperiale Maße durcheinandergebracht worden waren. Irgendwo zwischen den billigen, in aller Eile zusammengestellten Missionen und den Megaprojekten, die politisch »zu groß zum Scheitern« waren, musste es einen gangbaren Mittelweg geben. Zu den Projekten, die zur Genehmigung vorgelegt wurden, gehörte das eine Milliarde Dollar teure Programm Mars Exploration Rover (MER), eine größere und ehrgeizigere Version der Mission, die *Pathfinder* getestet hatte.

Spirit und *Opportunity*

Mit einem größeren Airbag-System als *Pathfinder* landete die erste von zwei MER-Sonden, *Spirit*, am 4. Januar 2004 im Gusev-Krater. Dieser etwas südlich des Marsäquators gelegene Krater entstand vor etwa 3,5 Milliarden Jahren durch einen Asteroideneinschlag. Ein großer, von Wasser durchzogener Kanal, Ma'adim Vallis, durchschneidet die südliche Wand von Gusev, was darauf hindeutet, dass ganz Gusev zu irgendeinem Zeitpunkt seiner Geschichte mit Wasser gefüllt war. Kleinere Krater durchziehen den Boden von Gusev mit seinem Durchmesser von 166 km und stammen wahrscheinlich aus der Zeit nach dem Austrocknen. *Spirit* fand in Gusev auch vulkanisches Gestein und nicht die geschichteten Sedimente, die man von einem alten Seeboden erwarten würde. Auch diese Gesteine könnten durch planetarische Umwälzungen irgendwann nach dem Abfluss des Wassers abgelagert worden sein.

Als *Spirit* nach einer zweimonatigen Fahrt, bei der er durchschnittlich 91 m pro Tag zurücklegte, die knapp 100 m hohen Columbia Hills im Inneren des Gusev-Gebirges erreichte, fand er Hinweise darauf, dass hydrothermale Aktivitäten – Schlote mit überhitztem Wasser, das aus der Tiefe des Bodens austritt – dazu beigetragen hatten, die Minerale der Columbia Hills zu bilden. Ähnliche Schlote auf dem Boden unserer Ozeane könnten das Leben auf der Erde hervorgebracht haben, daher war dies zweifellos eine aufregende Entdeckung.

Im März 2006 blockierte das rechte Vorderrad von *Spirit*. Der Rover verbrachte den Rest seiner Mission damit, rückwärtszuhinken und das Rad mitzuschleppen. Gelegentlich erwies sich dies sogar als Vorteil, denn das blockierte Rad zog Gräben in den Staub und legte Material darunter frei.

Im Mai 2009 geriet *Spirit* jedoch im wahrsten Sinne in eine Schieflage, aus der er sich nicht mehr befreien konnte. Er blieb im feinen Sand stecken und stand in einem so ungünstigen Winkel, dass das Sonnenlicht seine Solarkollektoren nicht mehr erreichte. Der Rover konnte seine Batterien nicht mehr aufladen und verstummte nach einer sechsjährigen, 8 km langen Wanderung über die Marsoberfläche. Projektleiter John Callas gab gegenüber Reportern zu: »Wir haben eine starke emotionale Bindung zu diesen Rovern entwickelt. Es ist traurig, dass wir uns von *Spirit* verabschieden müssen, aber wir müssen uns auch an die großartigen Leistungen erinnern, die dieser Rover über einen so langen Zeitraum erbracht hat.«

Der Zwilling von *Spirit*, *Opportunity*, landete am 24. Januar 2004 in der Nähe des inneren Randes des Eagle-Kraters, einer kleinen Meteoriteneinschlagsnarbe auf Meridiani Planum, einer Region, in der das Infrarotspektrometer von Global Surveyor eine hohe Konzentration von Hämatit festgestellt hatte. Auf der Erde bildet sich dieses Eisenoxidmineral normalerweise unter Einwirkung von flüssigem Wasser, insbesondere in der Nähe von heißen Quellen. *Opportunitys* Nahaufnahmen des Geländes enthüllten auch zahllose Hämatitkugeln, jede etwa so groß wie eine Blaubeere. Es ist wahrscheinlich, dass uraltes Wasser bei der Entstehung dieser glatten kleinen Nuggets eine Rolle gespielt hat, aber wie immer gibt es zu dieser Entdeckung ebenso viele Fragen wie Antworten. Auf der Erde variiert die Größe solcher Kugeln von kaum sichtbaren Körnern bis hin zu Objekten ungefähr von der Größe eines Tennisballs. Aber keine der von *Opportunity* entdeckten Marskugeln war größer als eine Blaubeere. Deutet diese Tatsache darauf hin, dass fließendes Wasser nur für eine begrenzte Zeit auf dem Mars vorhanden war?

Als *Opportunity* die chemische Zusammensetzung der Felsen am Rande des Eagle-Kraters maß, fanden die Instrumente des Rovers (neben anderen Elementen) Chlor und Brom, was auf eine Salzwasserumgebung hindeutet, die längst verdunstet ist. Zwei Monate nach der Landung von *Opportunity* verkündete der leitende Forscher Steve Squyres: »In die Felsen von Meridiani Planum sickerte einst langsam Wasser ein und veränderte ihre Chemie und Textur in einer Weise, die wir sehen können. Wir haben deutliche Hinweise darauf gefunden, dass es sich bei den Gesteinen um Sedimente handelt, die in flüssigem Wasser abgelagert wurden.«

Auf Meridiani Planum fand *Opportunity* auch Jarosit, ein gelb-braunes Mineral aus Schwefel, Eisen, Kalium, Wasserstoff und Sauerstoff. Obwohl es auf der Erde normalerweise mit unerwünschten industriellen Nebenprodukten aus der Zinkherstellung in Verbindung gebracht wird, wurde natürlicher Jarosit in tiefen Eisbohrkernen aus der Antarktis gefunden. Er bildete sich wahrscheinlich aus Mineralstaub, der in altem Eis eingeschlossen war, so dass die Entdeckung dieses Minerals auf dem Mars ein weiterer Beweis dafür ist, dass dort einst flüssiges Wasser existierte.

Im August 2011 erreichte *Opportunity* den Rand des 21 km großen Kraters Endeavour. Als sich der Rover entlang der umliegenden Ebenen nach Süden bewegte, erregte ein Felsvorsprung die Aufmerksamkeit der Wissenschaftler. Der Matijevic-Hügel war eines von mehreren Merkmalen des alten Untergrunds, der durch den Einschlag, der den Krater entstehen ließ, an die Oberfläche geschleudert wurde. *Opportunity* hatte die einmalige Gelegenheit, Gesteinsproben aus einer Zeit zu nehmen, die lange vor der Entstehung des Kraters lag. Die Matijevic-Formation enthielt Tonarten eines Typs, der nur von nicht-saurem Wasser abgelagert worden sein konnte – der trinkbaren Art, die wir alle kennen.

Im Dezember 2011 entdeckte *Opportunity* schmale Gipsadern in den Felsen am westlichen Rand von Endeavour. Tests bestätigten, dass die Adern Kalzium, Schwefel, Wasserstoff und Wasser enthalten, genau wie Gips auf der Erde – ein Mineral, das sich durch Wasser ablagert, das durch Risse im Gestein fließt. Squyres sagte: »Das ist ein eindeutiger Beweis dafür, dass Wasser durch unterirdische Risse im Gestein geflossen ist.«

Opportunity blieb im Mai 2005 auf dem Weg zum Erebus-Krater (innerhalb eines größeren Kraters namens Terra Nova) im Sand stecken. Die Missionskontrolleure verbrachten den größten Teil eines Monats damit, Befreiungsversuche zu planen, wobei sie Bodenmodelle des baugleichen Rovers auf der Erde zur Hilfe nahmen. *Opportunity* entkam der Falle am 6. Juni und blieb die nächsten sage und schreibe 13 Jahre von Unglück verschont, bis Mitte 2018 ein zwei Monate andauernder globaler Staubsturm das Sonnenlicht verdunkelte und der Rover somit seine Batterien nicht mehr aufladen konnte. Am 10. Juni 2018 verloren die Missionskontrolleure den Funkkontakt mit *Opportunity*. Im Februar 2019 gab die NASA bekannt, dass die Mission nach 14 Jahren und einer bemerkenswerten Distanz von 45 km beendet war. Die *Opportunity*-Projektwissenschaftlerin Abigail Fraeman sagte damals: »Dies war eine historische Mission, und es brauchte einen historischen Staubsturm, um sie zu beenden.«

Größer, besser, risikanter

Das *Mars Science Laboratory (MSL) Curiosity* startete am 26. November 2011 ins All und landete am 5. August des folgenden Jahres auf dem Mars. Der schwere Rover von der Größe eines Autos war mit wissenschaftlichen Instrumenten, 17 Kameras, einem Roboterarm, einem Laser zum Verdampfen von Gesteinsproben und einem Probenbohrer ausgestattet. Ein Radioisotopen-Energiesystem garantierte eine längere und weniger anfällige Energieversorgung als die von *Spirit*, *Opportunity* und *Pathfinder* verwendeten Solarpaneele.

All diese Ausrüstung hatte natürlich ihren Preis, nicht nur in Geld (das Projekt kostete 2,5 Milliarden Dollar), sondern auch in Form von Gewicht. Mit Airbags ließ sich so ein schweres Gerät nicht sicher landen. Stattdessen wurde ein raketengetriebenes, als Skycrane bezeichnetes, Absetzfahrzeug entworfen. Es ließ *Curiosity* an langen Drahtseilen sanft auf den Boden herab und flog dann, sobald sich die Seile lösten, zu einer absichtlichen Bruchlandung in sicherer Entfernung davon. Im Juni 2012 versuchte der MSL-Ingenieur Tom Rivellini, eine Vorstellung von den Herausforderungen zu vermitteln, die mit dem Absetzen des Rovers verbunden sind. »Eintritt, Abstieg und Landung werden als die »sieben Minuten des Schreckens« bezeichnet, weil wir buchstäblich sieben Minuten Zeit haben, um vom oberen Ende der Atmosphäre auf die Marsoberfläche zu gelangen. Dafür muss die Geschwindigkeit von rund 20.000 auf 0 km/h reduziert werden – alles in perfekter Abfolge, mit perfekter Choreografie und perfektem Timing. Und der Computer muss das allein machen, ohne Hilfe vom Boden. Wenn auch nur eine Sache nicht richtig funktioniert, ist das Spiel vorbei.« Es war wahnsinnig ehrgeizig, aber es hat funktioniert.

Curiosity hat gezeigt, dass der alte Mars in der Tat die richtige Chemie für Mikroben und viel flüssiges Wasser besaß. In einer Gesteinsprobe aus der Yellowknife-Bay (solche Spitznamen geben die Wissenschaftler bedeutenden Oberflächenmerkmalen) wurden Schwefel, Stickstoff, Sauerstoff, Phosphor und Kohlenstoff nachgewiesen – die wichtigsten Bestandteile für Leben. Die Proben enthielten auch noch mehr Tonminerale, ein weiterer Hinweis darauf, dass das Wasser dort einst floss und diese Tonarten ablagerte, indem es ältere Gesteine erodierte, die erodierten Körner an neue Orte trug und sie als schlammige Sedimente ablagerte, die sich aus vielen verschiedenen Gesteinskörnern zusammensetzten. Nur eines der Merkmale, die Tone so komplex und wichtig für die Geschichte der möglichen Wechselwirkungen des Lebens mit der Mineralwelt machen.

In der Yellowknife-Bucht hat *Curiosity* Spuren kohlenstoffhaltiger Moleküle wie Chlorbenzol und verschiedene Dichloralkane nachgewiesen. Diese Verbindungen sind zwar kein Beweis für Leben, weder in der Vergangenheit noch in der Gegenwart, aber sie sind doch ein Indiz, das uns veranlassen sollte, die Chemie des Mars bei künftigen Missionen noch genauer zu untersuchen. Die Tatsache, dass diese Hinweise auf organische Komplexität in einem Schlammstein (im Wesentlichen ein Fragment aus stark ausgetrocknetem Ton) in der Nähe der strahlungsgetränkten Oberfläche gefunden wurden, deutet darauf hin, dass es weiter unten, wo das zersetzende Licht der Sonne nicht hinkommt, weitaus größere Konzentrationen geben könnte.

Die Daten einer ganzen Flotte von NASA-Orbitern bestätigten die »wässrige« geologische Geschichte des Mars. Im Jahr 2002 wiesen die Spektrometer der neuen NASA-Raumsonde *Mars Odyssey* mehr als 20 Elemente im Boden nach, darunter auch Wasserstoff. Zwei Jahrzehnte später bestätigte der gut ausgestattete *Mars Reconnaissance Orbiter (MRO)* der NASA, dass dicke Ablagerungen von Wassereis vorherrschen, die etwa ein Drittel der Oberfläche des Planeten bedecken. Es gibt mindestens acht Regionen, in denen das staubverkrustete Eis nur einen Spatenstich tief unter dem rot gefärbten Boden liegt. An steilen Hängen tritt durch Erosion das Eis zutage, was beweist, dass es tatsächlich riesige Mengen gibt. Eines Tages könnten sich menschliche Expeditionen diese zunutze machen. Im Jahr 2008 bestätigte eines der bescheideneren Marsprojekte der NASA, die Landesonde Phoenix, das Vorhandensein von Wassereis auf dem Mars, indem sie buchstäblich an der Oberfläche kratzte, bis Eis freigelegt wurde.

Perseverance im Jezero-Delta

Der etwas schwerere Cousin von *Curiosity*, der drei Milliarden Dollar teure Rover *Mars 2020 Perseverance*, startete am 30. Juli 2020 ins All und landete am 18. Februar des folgenden Jahres mit einem weiteren Skycrane im Jezero-Krater auf dem Mars. Zu den erweiterten Nutzlasten dieses Rovers gehören ein knapp 2 m langer, ausfahrbarer Roboterarm, der mit einer Vielzahl von Instrumenten, Kameras und Sensoren ausgestattet ist, um nach Spuren vergangenen Lebens zu suchen. Des Weiteren ist ein Gesteinsbohrsystem, um Proben zu sammeln, sie in kleinen Behältern zu versiegeln und sie auf dem Boden abzulegen. Dann kann eine künftige Probenrückführungsmission sie bergen und zur näheren Untersuchung zur Erde zurückbringen.

Jezero ist 45 km breit und liegt am westlichen Rand einer Ebene namens Isidis Planitia, nördlich des Marsäquators. Der westliche Rand wird von den ausgetrockneten Überresten eines kolossalen Flussdeltas durchbrochen, dessen rauschende »Ausflusskanäle« den Krater wahrscheinlich vor etwa drei Milliarden Jahren füllten. Eine riesige Menge Schlamm und getrockneter Sedimente verstopft den Eingang zum Krater. Dieser Schlamm enthält möglicherweise unschätzbare Hinweise darauf, was sich einst in diesen Sedimenten befand. In der Anfangsphase der Mission wurden bereits in den ersten Wochen außergewöhnliche Erfolge erzielt. Eine winzige autonome Hubschrauberdrohne, *Ingenuity*, wurde vom Rover ausgesetzt. Sie saß eine Weile auf vier spindeldürren Beinen auf dem Boden, während *Perseverance* ein kurzes Stück wegfuhr und seine Kameras auf das kleine Fluggerät richtete. Dann lief *Ingenuitys* Rotorsystem auf erstaunliche 2400 U/min hoch (notwendig wegen der dünnen Atmosphäre) und am 19. April 2021 startete die Drohne zum ersten von mehr als 70 erfolgreichen Testflügen, die in den nächsten Monaten durchgeführt wurden. Nach jedem Flug landete *Ingenuity* wieder sicher auf dem Boden und wartete, während die kleinen, aber effizienten Solarzellen die Motoren und die Bordelektronik für den nächsten Flug aufluden. *Ingenuity* ebnet den Weg für künftige Robotersysteme in der Luft, die dazu beitragen werden, sichere Routen für künftige Rover und – eines Tages – menschliche Expeditionen auszukundschaften.

In der Zwischenzeit überwand *Perseverance* einige Anfangsschwierigkeiten mit den Gesteinsbohr- und Probennahmesyste-

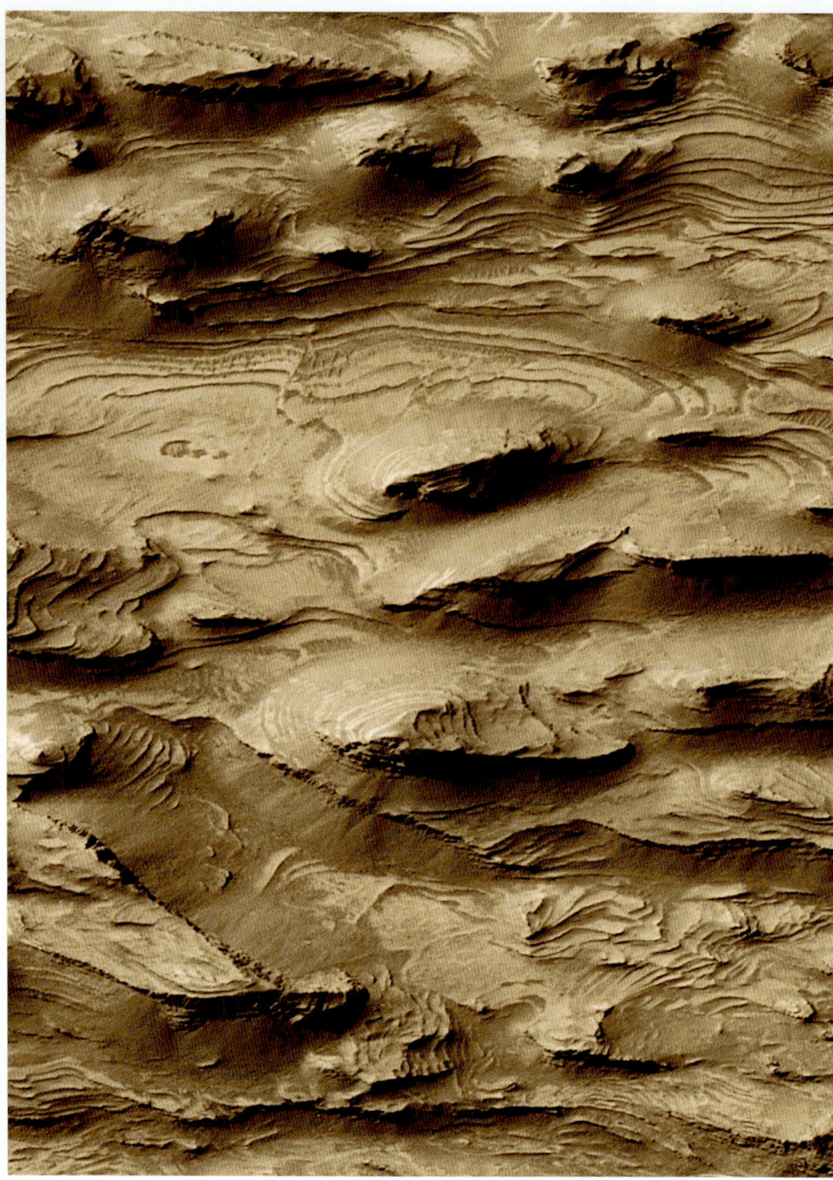

↑ **Aufnahmen in höchster Qualität**

Ende der 1970er-Jahre hielten viele NASA-Wissenschaftler die Bilder der *Viking*-Orbiter – wie diese Ansicht der Region Candor Chasma in den Valles Marineris – für das beste Fotomaterial, das wir je vom Mars erhalten würden. Der Weltraumforscher Michael Malin entwickelte eine hochauflösende Kamera, um ihnen das Gegenteil zu beweisen. Das Rechteck im linken Bild zeigt ein Gebiet von 1,5 km Breite und 3 km Länge. Das Bild rechts zeigt genau diesen Ausschnitt und wurde im Dezember 2000 mit einer Kamera von Malin Space Systems an Bord des *Mars Global Surveyor* aufgenommen. Dabei kam eine nie dagewesene Detailtreue zum Vorschein und bewies, dass es eben doch deutlich besser ging.

men und begann, kleine Metallzylinder mit Gestein und Staub vom Mars zu befüllen. Diese werden an geeigneten Stellen auf dem Mars deponiert, um auf eine zukünftige, international finanzierte Probenrückführungsmission zu warten. Eines Tages in naher Zukunft wird ein anderer Rover die Röhren einsammeln, sie in eine kleine Aufstiegsstufe einer Rakete packen und zurück zur Erde schicken, um dort wissenschaftliche Untersuchungen durchzuführen, die nur in großen Labors möglich sind. Und dann werden wir vielleicht endlich wissen, ob es jemals Leben auf dem Mars gegeben hat. ▶I

↑ **Neue Erkenntnisse**
Im April 2007 nahm der *Mars Reconnaissance Orbiter (MRO)* Candor Chasma noch genauer unter die Lupe. Das High Resolution Imaging Science Experiment (HiRISE) der Raumsonde entdeckte mehrere Schichten aus hellen Sedimenten, die möglicherweise von Wasser abgelagert wurden. Die überraschende Gleichmäßigkeit der Schichttiefen lässt darauf schließen, dass die Ablagerungen regelmäßig und häufig erfolgten.

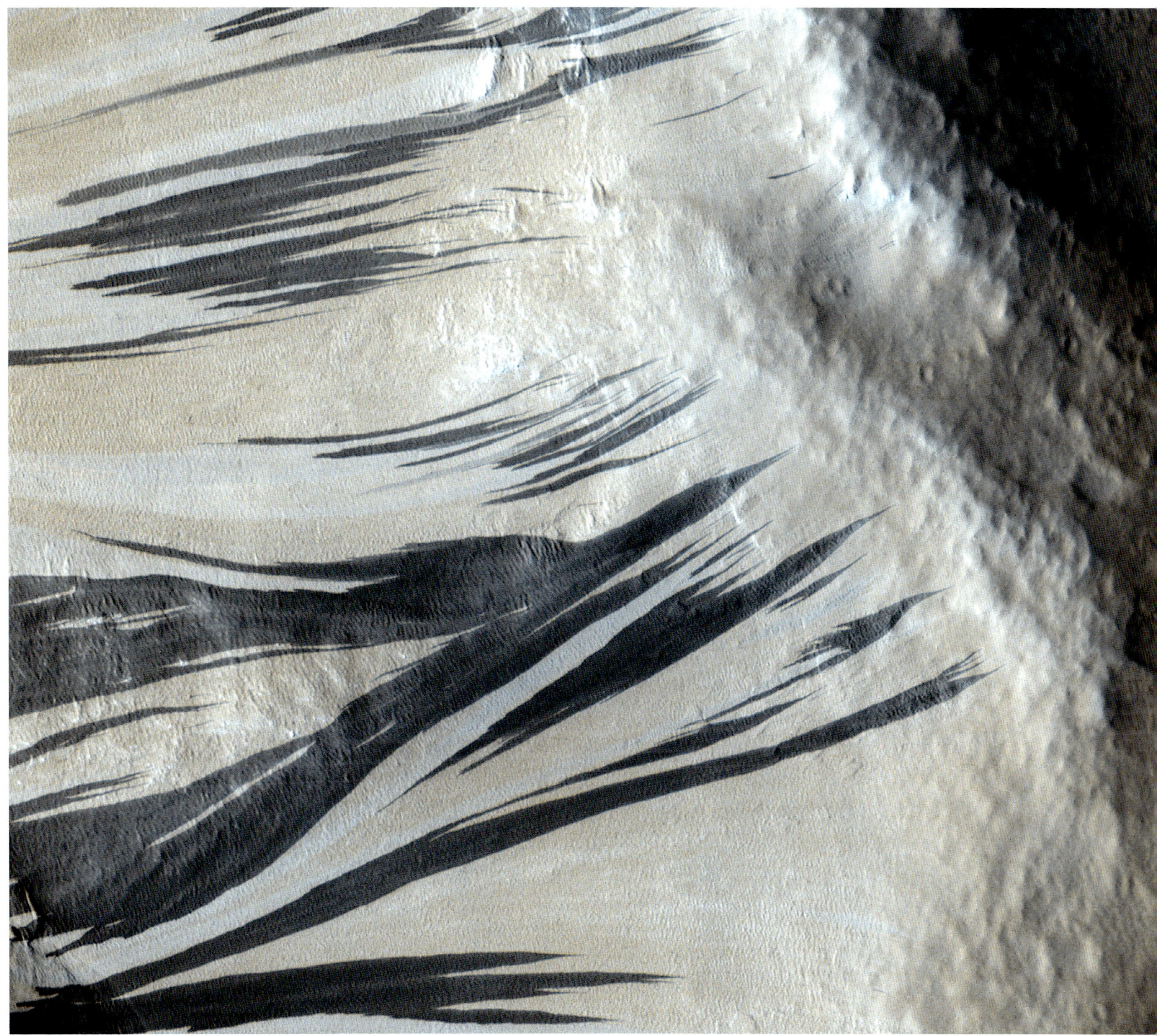

↑ **Mysteriöse Streifen**
Dunkle Streifen an den Wänden der Acheron Fossae, einer 690 km langen Rinne, wie sie von *MRO* beobachtet wurden. Sie könnten das Ergebnis von Sandrutschungen an den steilen Hängen sein. Der Sand scheint dabei fast wie eine Flüssigkeit um im Weg liegende Formationen »herumzufließen«.

← **Sandstürme**
Dieses Foto von *Mars Reconnaissance Orbiter (MRO)* zeigt ein Sanddünenfeld in der Region Nili Fossae. Die dunklen Linien auf den Dünen sind die Spuren von Staubteufeln, also kleinen Wirbelstürmen, die hellen Oberflächenstaub wegwehen und darunter liegendes dunkleres Material freilegen.

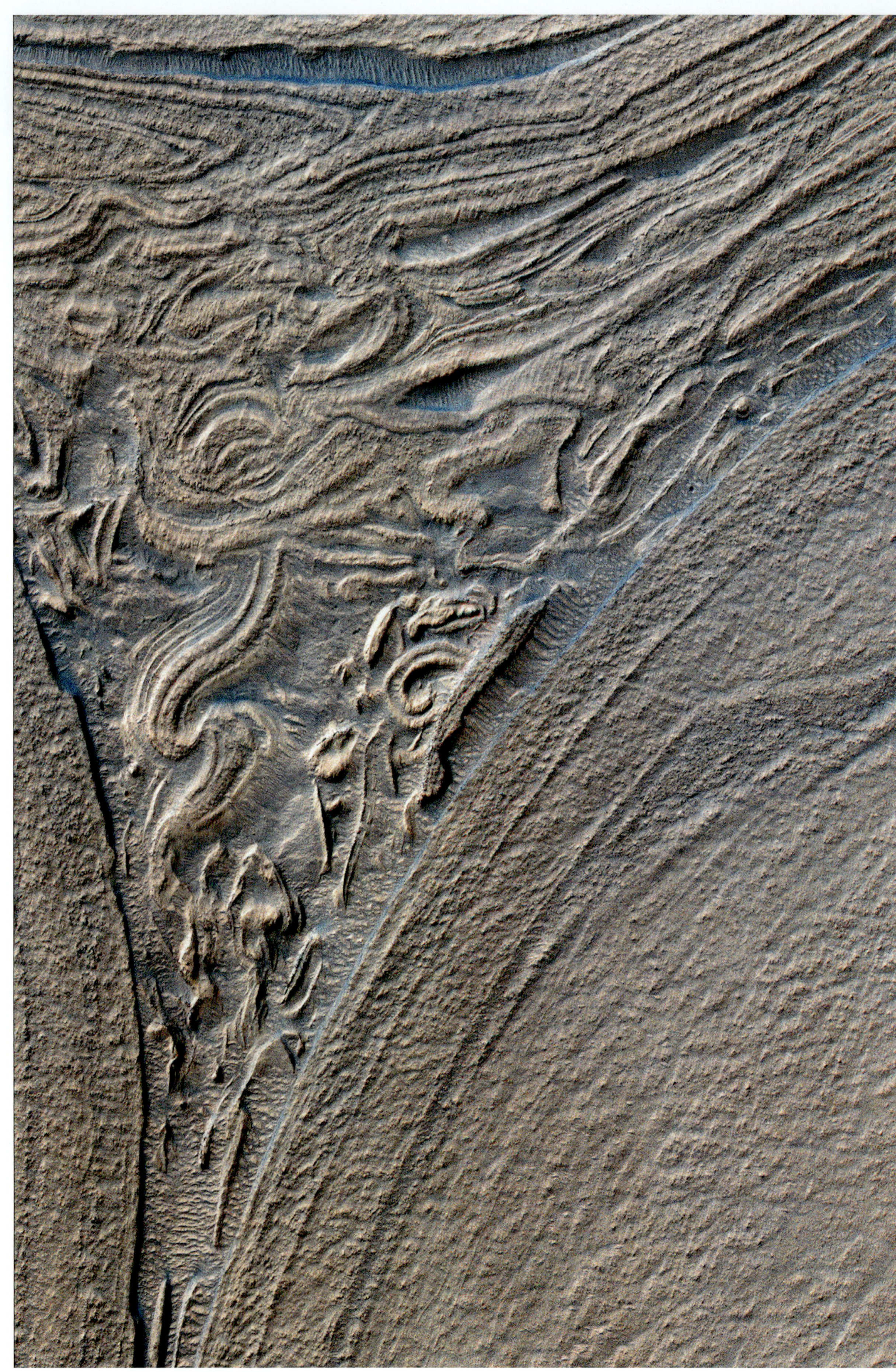

→ **Flüssige Landschaft**
Die HiRISE-Bilder von *MRO* zeigen seltsame Landformen auf dem Boden des Hellas-Beckens. Das Material scheint auf zähflüssige Weise geflossen zu sein, ähnlich wie Eis. Solche Fließformationen sind auf dem Mars weit verbreitet, aber im Hellas-Becken aus noch ungeklärten Gründen besonders ausgeprägt.

← **Rätselhafte Strukturen**
Ein kleiner Krater im Inneren des Kraters Schiaparelli, etwa so groß wie der Barringer-Krater in Arizona, weist stufenförmige Schichten aus Sedimenten auf. Das konzentrische Muster könnte das Ergebnis von unterschiedlich schneller Erosion sein, genau geklärt ist das aber noch nicht.

↑ **Lehm auf dem Mars?**
MRO-Bilder der Noctis-Labyrinthus-Formation zeigen das Vorhandensein von eisenhaltigen Sulfaten und Tonmineralen. Vom Wind verwehter Staub bildet wunderschöne Dünenlandschaften.

↓ **Kunstvolle Skulpturen**
Komplexe Dünenmuster finden sich an vielen Stellen auf dem Mars. Die Wissenschaftler versuchen immer noch, die genaue Entstehung nachzuvollziehen.

← Mit Falschfarben der Wahrheit auf der Spur

Ein Falschfarbenmosaik konzentriert sich auf ein Gebiet im Noctis Labyrinthus (zwischen Valles Marineris und dem Tharsis-Hochland), wo Schluchtensysteme zusammentreffen und eine 4000 m tiefe Senke bilden. Der blau hervorgehobene Staub liegt auf höher gelegenen Flächen, während tiefer felsiges Material liegt (in wärmeren Farben dargestellt). Dieses Mosaik wurde aus mehreren Fotos zusammengesetzt, die zwischen April 2003 und September 2005 mit dem Thermal Emission Imaging System von *Mars Odyssey* aufgenommen wurden.

↓ Eis im Überfluss

Im Mai 2002 eröffnete die NASA, dass die Raumsonde *Mars Odyssey* »direkte Beweise für Wassereis unter der Oberfläche des Mars gefunden hat: genug, um den Michigansee zweimal zu füllen«. Das Gammastrahlen-Spektrometer von *Odyssey* fand Wasserstoff, was auf das Vorhandensein von Eis im Boden hinweist (blau hervorgehoben).

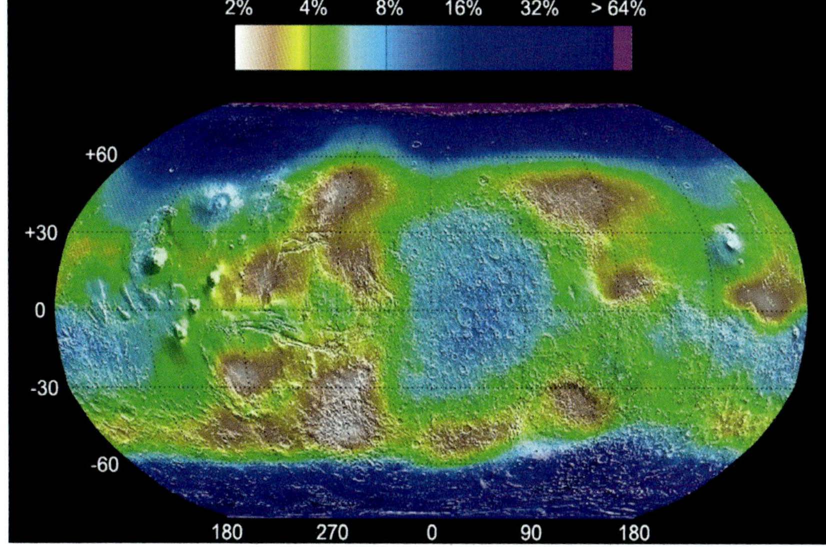

→ Historische Schichten
Kalte polare Winde könnten dazu beigetragen haben, Chasma Boreale zu formen, eine 560 km lange Schlucht in der Nähe des Mars-Nordpols. Die Klippen erheben sich knapp 2 km hoch über den dunklen Canyonboden und offenbaren Dutzende von Gesteins- und Eisschichten: ein wahres Geschichtsbuch vom gefrorenen Norden des Mars. Ganz rechts: Eine detaillierte *MRO*-Aufnahme HiRISE-Ansicht eines Teils von Chasma Boreale zeigt hellbraune Staubschichten. Graublaue Bereiche zeigen Wasser- und Kohlendioxid-Eis an.

↓ Mars-Cappuccino
Wissenschaftler der Europäischen Weltraumorganisation (ESA) beschrieben diese 2015 von *Mars Express* aufgenommene Ansicht des Marssüdpols wie einen »Strudel aus Cappuccino, Schokolade und Milchschaum«. Dieses Muster ist auf die komplizierte Gemengelage aus Frost, Eis und Staub zurückzuführen.

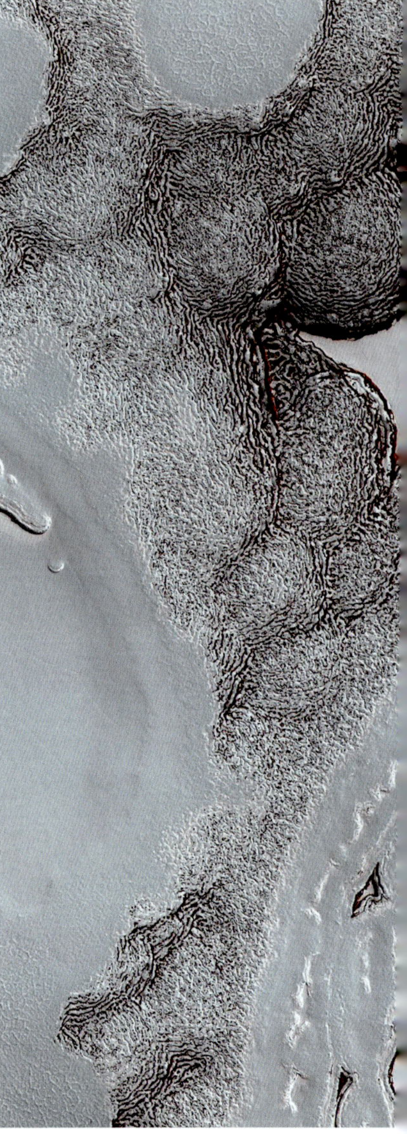

←↑ Mars-Käse
Der Südpol ist ständig von einer ca. 1 m dicken Kohlendioxidschicht bedeckt. Ein Teil davon verdunstet – oder besser gesagt sublimiert –, wenn der Frühling naht, aber die Sublimation ist ungleichmäßig, was zu seltsamen Mustern wie in diesem Foto führt. Diese Formationen bekamen passenderweise den Spitznamen »Schweizer Käse«.

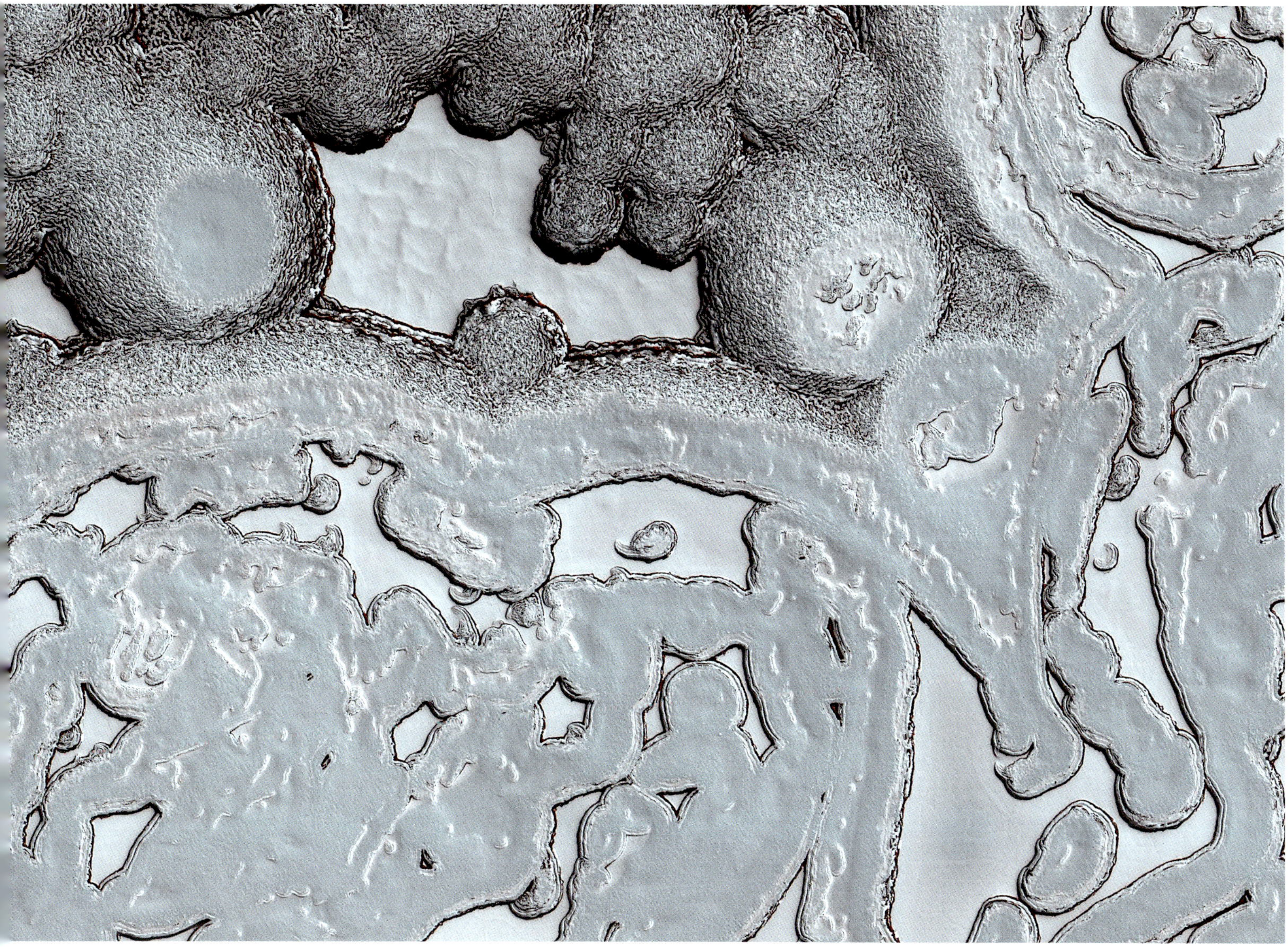

→ **Wassereis**
Am 20. Juni 2008 gab die NASA bekannt, dass ein kleiner Lander namens *Phoenix* an seinem Landeplatz auf Vastitas Borealis, nahe dem Rand des Mars-Nordpols, eine große Entdeckung gemacht hatte. Er stieß auf Wassereis, nachdem er mit seinem Roboterarm die obere Bodenschicht abgekratzt hatte.

↑ **Bäume auf dem Mars?**
Winterfrost aus Kohlendioxid auf roten Dünen in der Nähe des Mars-Nordpols. Die warme Frühlingssonne schmilzt das Eis, so dass darunterliegender dunkler Sand zum Vorschein kommen. Wenn dies weit oben auf einem Hügel geschieht, rutscht dunkles Material den Abhang hinunter und hinterlässt trübe Schlieren. Auf Bildern aus der Umlaufbahn sehen diese Formationen Bäumen bzw. Vegetation zum Verwechseln ähnlich, aber das ist natürlich eine optische Täuschung.

↑ **Dünen im Winter**
Die tief stehende Sonne hebt die wellenförmigen Sanddünen in einem Krater im südlichen Hochland des Mars eindrucksvoll hervor. An den schattigeren Hängen hat sich bereits leichter Reif gebildet, der den Beginn der kalten Jahreszeit ankündigt.

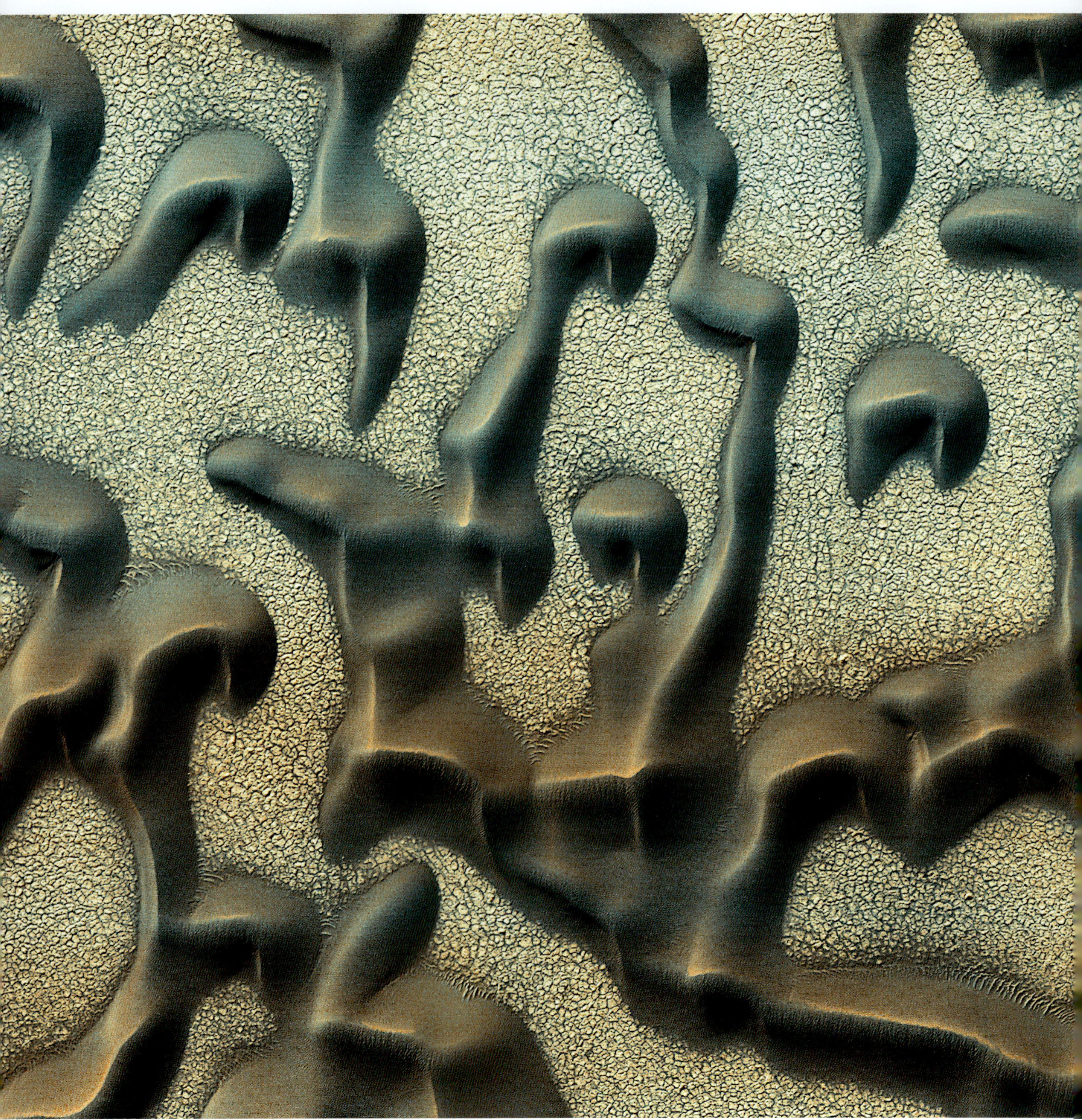

←Dünenlandschaft
Das Dünenfeld von Del Mar, eine von vielen derartigen Ebenen auf dem gesamten Mars. Die Struktur der Dünen hängt von den Windmustern und der besonderen Art des Staubs ab, aus dem sie bestehen. Je mehr wir den Mars erforschen, desto mehr zeigt sich seine eigentümliche Schönheit.

→→ Inseln im Strom
Vor Milliarden von Jahren ergossen sich Sturzbäche aus dem Echus Chasma an der Nordseite der Valles Marineris, dem großen »Grand Canyon« des Mars.

Das Wasser strömte in Richtung des nördlichen Tieflands und schuf ein riesiges Kanalsystem namens Kasei Valles. In diesem Falschfarben-Bild vom *Mars Reconnaissance Orbiter* aus dem April 2012 kennzeichnen kühle Farbtöne feinkörnige Materialien wie Sand und Staub, während die rötlicheren Farbtöne härtere Sedimente und Gestein zeigen. Tropfenförmige »Inseln« entstanden durch den Wasserfluss.

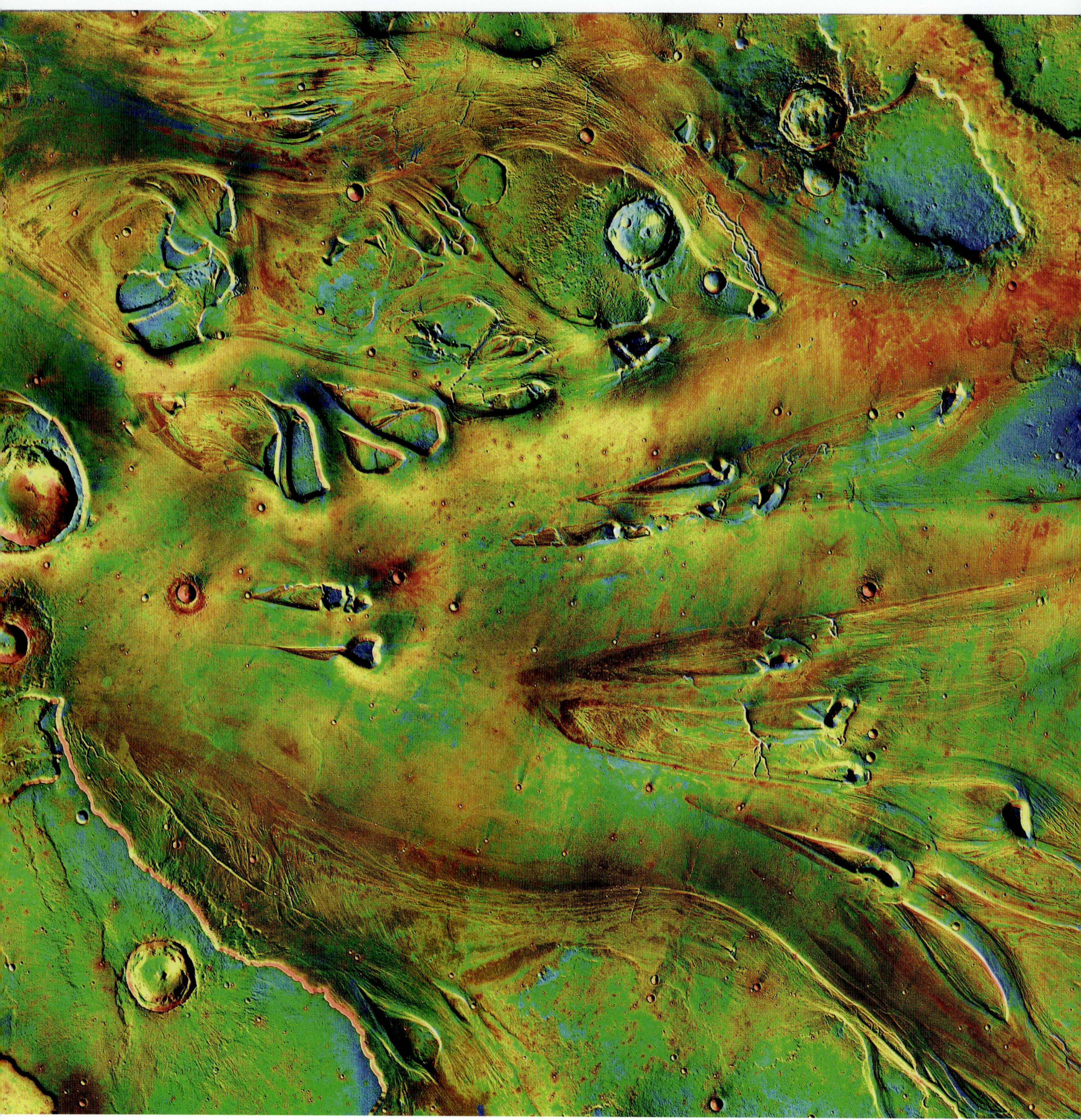

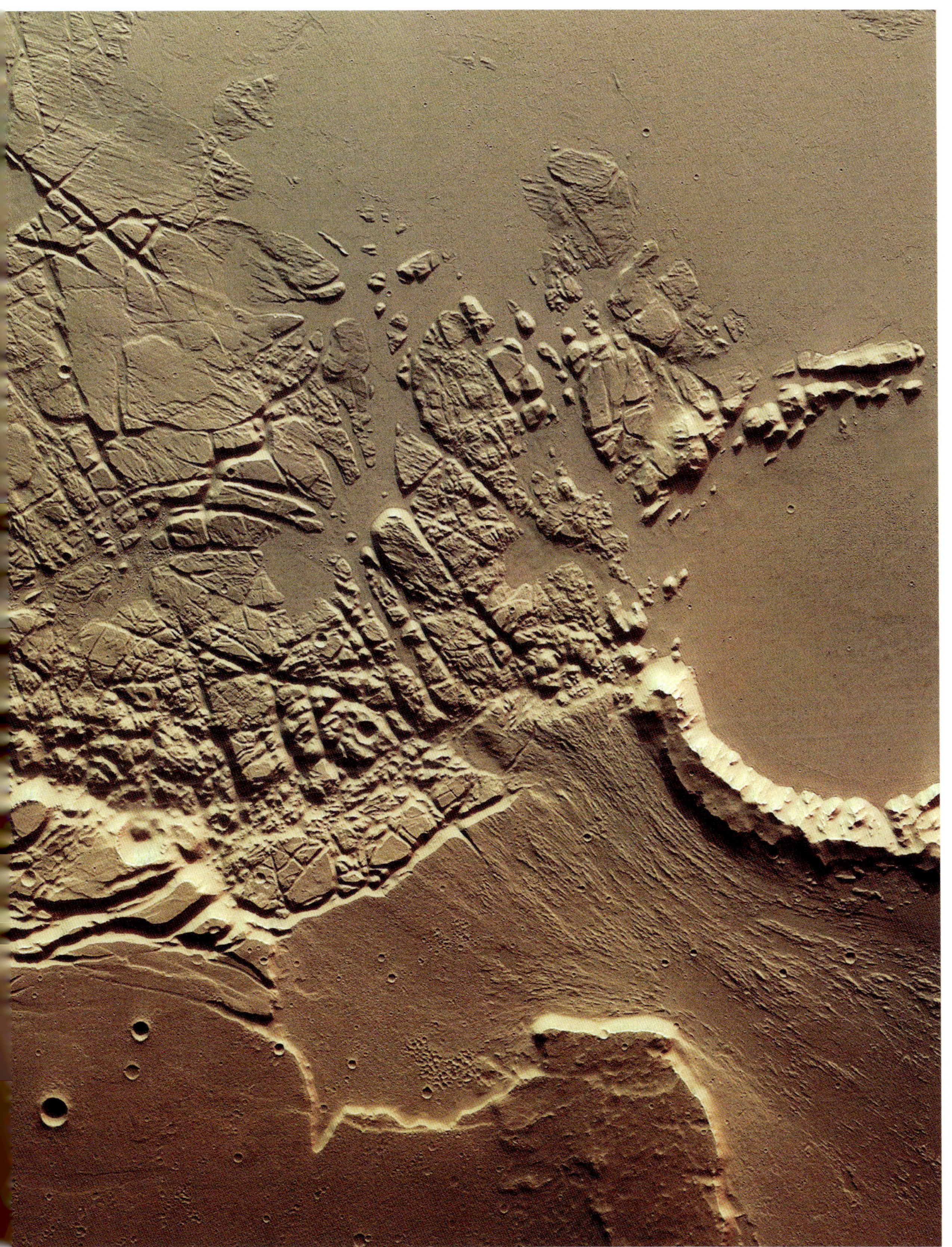

← **Chaos pur**
Im Jahr 2009 überflogen die internationalen Partner der NASA bei der ESA mit ihrem *Mars Express Orbiter* eine chaotische anmutende Grenzregion zwischen Kasei Valles und Sacra Fossae, die hier in natürlichen Farben zu sehen ist. Norden ist rechts. Wasserfluten durchbrachen den Rand des Einschlagskraters mit seinem Durchmesser von 32 km und verwandelten ihn in einen See. Wann das geschah und wie lange das Wasser dort stand, ist noch nicht klar.

→↑ **Pfadfinder auf Reisen** Ingenieure in der Spacecraft Assembly and Encapsulation Facility 2 des Jet Propulsion Laboratory in Kalifornien falten die Panele von *Pathfinder* zusammen, bevor sie ihn auf die Delta-II-Rakete laden, die ihn zum Mars schicken wird. Der winzige Rover *Sojourner* ist an der Innenseite eines der Panele befestigt. Im geschlossenen Zustand (unten) wird das Airbag-Landesystem sichtbar.

↑ **Airbag-Landung**
Ein Prototyp des Airbag-Landesystems des *Pathfinder* bei der Erprobung im Juni 1995. Angetrieben durch Sprengkartuschen dauerte der Aufblasvorgang kaum eine Sekunde. Jedes der vier großen Airbag-Segmente (eines für jedes Panel des pyramidenförmigen Landers) bestand aus sechs kleineren Kugeln.

→ **Nach der Landung**
Sojourner ist noch an einem der Panele von *Pathfinder* befestigt. Die beiden goldfarbenen »Rohre« auf beiden Seiten des Rovers rollen sich dann zu Rampen aus, die dem Rover zwei Alternativen bieten, um auf die Marsoberfläche zu gelangen. Die Fahrt von *Sojourner* erfolgte zwar autonom, er erhielt allerdings vor jedem neuen Routenabschnitt Anweisungen von der Erde.

↑ **Auf Tuchfühlung mit dem Mars**
Noch im Sichtfeld der Kameras von *Pathfinder* drückt *Sojourner* sein Alpha-Partikel-Röntgenspektrometer (APXS) auf die Oberfläche eines Steins namens Yogi-Rock, um dessen Zusammensetzung zu analysieren.

→ **Kostbares Museumsstück**
Dieses Gemälde von Pat Rawlings entstand im Jahr 1997 für die NASA und zeigt eine Begegnung, die so vielleicht in 30 Jahren stattfinden könnte: Ein Astronaut sammelt den verstaubten und längst deaktivierten Rover *Sojourner* ein, um ihn als Museumsstück auszustellen.

NASA
TRUTH
Pat Rawlings

↓ Sojourners große Brüder

Der Erfolg von *Pathfinder* und *Sojourner* ebneten den Weg für eine größere und teurere Nachfolgemission. Im Januar 2004 landeten zwei Mars Exploration Rover (MER) mit den Namen *Spirit* und *Opportunity* auf der gegenüberliegenden Seite des Planeten, wobei ein verbessertes Airbag-System zum Einsatz kam. Diese Computergrafik zeigt die Grundzüge des MER-Designs.

→ Kraterforscher

Am 27. September 2006 erreichte der Rover *Opportunity* den 800 m breiten Victoria-Krater. Wenn man eine Lupe zur Hand nimmt und wirklich sehr genau hinsieht, ist der Rover gerade so am oberen linken Kraterrand zu erkennen (etwas oberhalb der Bildmitte). Diese Aufnahme entstand vom *MRO* aus beim Überfliegen des Kraters. Im Laufe des nächsten Jahres bewegte sich *Opportunity* im Uhrzeigersinn um den Kraterrand, bevor er im September 2007 in den Krater einfuhr. Nach einmonatiger Erkundung fuhr er wieder heraus und steuerte den 19 km durchmessenden Krater Endeavour an.

↑← **Leeres Nest**
Spirits Abschiedsbild von seiner leeren Landeplattform (oben), aufgenommen kurz nach der Ankunft im Gusev-Krater am 4. Januar 2004. Links machte eine kleine Navigationskamera auf dem Zwillingsrover *Opportunity* eine Aufnahme von seiner sehr ähnlichen Landeplattform.

←↑ **Selbstportrait**
Ein Selbstporträt von *Opportunity* vom 19. Dezember 2004 nach 322 Marstagen. Das Bild entstand aus zusammengefügten Einzelaufnahmen von der nach unten gerichteten Mastkamera. Rechts ein Schatten-Foto, aufgenommen mit der Navigationskamera.

→→ **Gefährliche Landschaft**
Der 90 m breite Endurance-Krater aus der Sicht von *Opportunity*. Der Boden ist von gewundenen Sandrücken gesäumt, die weniger als 1 m hoch sind. Als *Opportunity* im Juni 2004 mit der Erkundung des Kraters begann, befürchteten die Missionsleiter, dass er im Sand stecken bleiben könnte, aber der Rover fuhr sechs Monate später sicher wieder heraus.

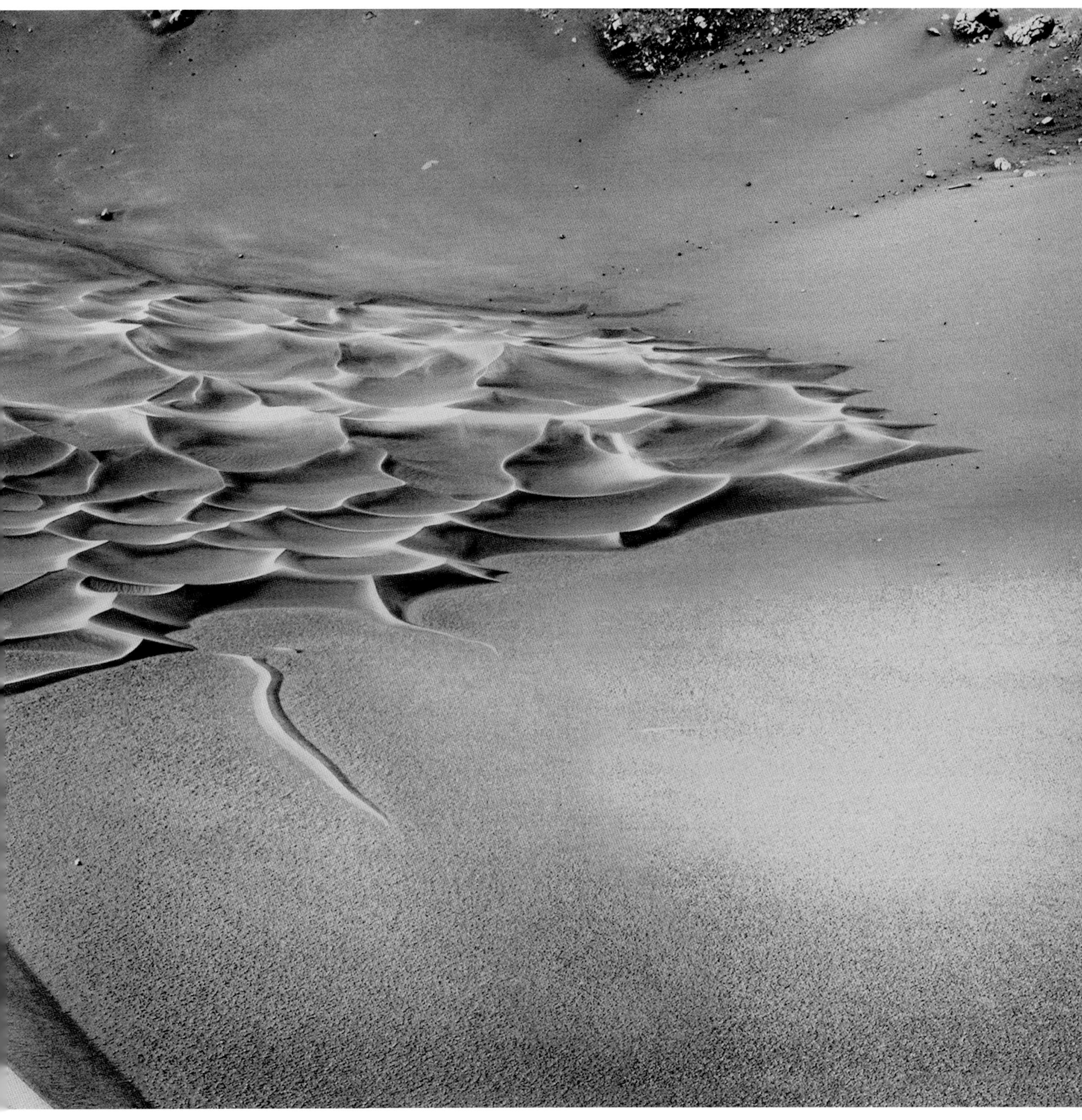

» Wir sind zu der Überzeugung gelangt, dass die Felsen hier einst unter Wasser gewesen sein müssen. Das veränderte ihre Textur und chemische Zusammensetzung. Alle Spuren weisen darauf hin, was uns in dieser Überzeugung bestärkt hat. «

Steve Squyres, MER-Forschungsleiter, 2004

↑ **Blick vom Kraterrand**
Dieses fast farbgetreue Bild, das *Spirit* im August 2004 aufnahm, zeigt einen Felsvorsprung, der Longhorn genannt wird, und dahinter den Boden des Gusev-Kraters.

→ **Winzige Kugeln**
Eine extreme Nahaufnahme von *Opportunity* zeigt »Blaubeeren« aus Hämatitkügelchen auf der Marsoberfläche in der Nähe des Fram-Kraters. Das Bild, aufgenommen im April 2004, deckt den Bereich einer Briefmarke ab und entstand mithilfe einer speziellen Kamera am Roboterarm von *Opportunity*.

→↓ So irre, dass es funktionierte
Computeranimationen zeigen, wie der Skycrane den Rover *Curiosity* an Seilen zur Oberfläche hinablies. Sobald die Räder des Rovers Bodenkontakt hatten, kappte der Skycrane die Kabel und schoss davon, um in sicherer Entfernung kontrolliert abzustürzen. Der Sinn dahinter war, dass mögliche Treibstoffreste nicht die empfindlichen Instrumente des Rovers beeinträchtigen konnten.

← **Technisches Wunderwerk**
Techniker überprüfen die Skycrane-Abstiegsstufe für den Rover *Curiosity* des Mars Science Laboratory. Die Mission startete am 26. November 2011 von der Erde aus und erreichte den Mars am 5. August 2012.

→→ **Curiosity bei der Arbeit**
Ein ausfahrbarer Roboterarm ermöglichte es *Curiosity*, dieses beeindruckende Selfie vor dem Mont Mercou zu machen. Dieses Panorama wurde aus mehreren Bildern zusammengesetzt, die am 26. März 2021 aufgenommen wurden. Vor dem Rover ist mit etwas Geschick ein Bohrloch für Gesteinsproben zu erkennen.

← **Spuren von Wasser**
Eine Nahaufnahme *Curiositys* von Mineraladern in Garden City am unteren Mount Sharp, dem zentralen Gipfel des Gale-Kraters. Adern wie diese entstehen, wenn Wasser durch Gesteinsspalten fließt und dabei Mineralien hinterlässt. Im Laufe der Zeit ist das Wasser verschwunden und das weichere Umgebungsgestein erodiert, so dass die Adern teilweise freigelegt werden.

↓↑ **Die Bagnold-Dünen**
Das dunkle Band im unteren Teil dieser Aufnahme ist Teil des Bagnold-Dünenfelds, das den nordwestlichen Rand des Mount Sharp im Gale-Krater säumt. *Curiosity* machte das Foto Ende September 2015, als sich der Rover vorsichtig an die Dünen herantastete.

→ Nahansicht

Obwohl Planetenforscher schon vor einem halben Jahrhundert in der Lage waren, die Dünen des Mars auf Fotos aus der Umlaufbahn zu studieren, erhielten sie erst mit der Annäherung des Rovers *Curiosity* an die Bagnold-Dünen Ende 2015 erste Nahaufnahmen dieser empfindlichen, flüchtigen Formationen. *Curiosity* löste Details (links und unten) bis in den Millimeterbereich auf.

← **Historische Gesteinschichten**
Das aus 28 Bildern zusammengesetzte Panorama von Greenheugh Pediment nahm *Curiosity* am 9. April 2020 auf, dem 2.729. Marstag (Sol). Krustige Sandsteinschichten dominieren den Vordergrund. In der Mitte befindet sich eine lehmhaltige Region, die stark auf eine wasserreiche Vergangenheit hindeutet. In der Ferne ist der Boden des Gale-Kraters zu sehen.

» **Wir schicken keine Roboter zum Mars. Wir schicken Erweiterungen von uns selbst. Diese Maschinen sind wir, und wenn wir den Mars besuchen, werden wir vielleicht eines Tages feststellen, dass wir nach Hause kommen.** «

Rob Manning, MSL *Curiosity* Chefingenieur, Februar 2007

↓ **Ein langer Weg**
Curiosity blickt im Februar 2014 nach mehr als 500 Marstagen (Sols) auf die Spuren, die sie an den Dünen von Dingo Gap hinterlassen hat. Ein Sol ist 40 Minuten länger als ein Tag auf der Erde.

↑ **Klebriger Staub**
Curiositys Nahaufnahme eines Rades zeigt, dass der Marsboden trotz der trockenen Bedingungen recht leicht haftet. Dies wird wahrscheinlich durch elektrostatische Ladungen in den Staubkörnern verursacht.

↑→ **Leistungsmindernder Staub**
Der im Mai 2018 gestartete Lander *InSight* (Interior Exploration using Seismic Investigations, Geodesy and Heat Transport) landete am 26. November desselben Jahres auf Elysium Planitia. Im Jahr 2021 lag der Wirkungsgrad der Solarzellen aufgrund von Staubablagerungen bei nur noch 27 %. Selbstportraits des Landers (rechts), die im Abstand von zwei Jahren aufgenommen wurden, zeigen das alarmierende Ausmaß des Problems.

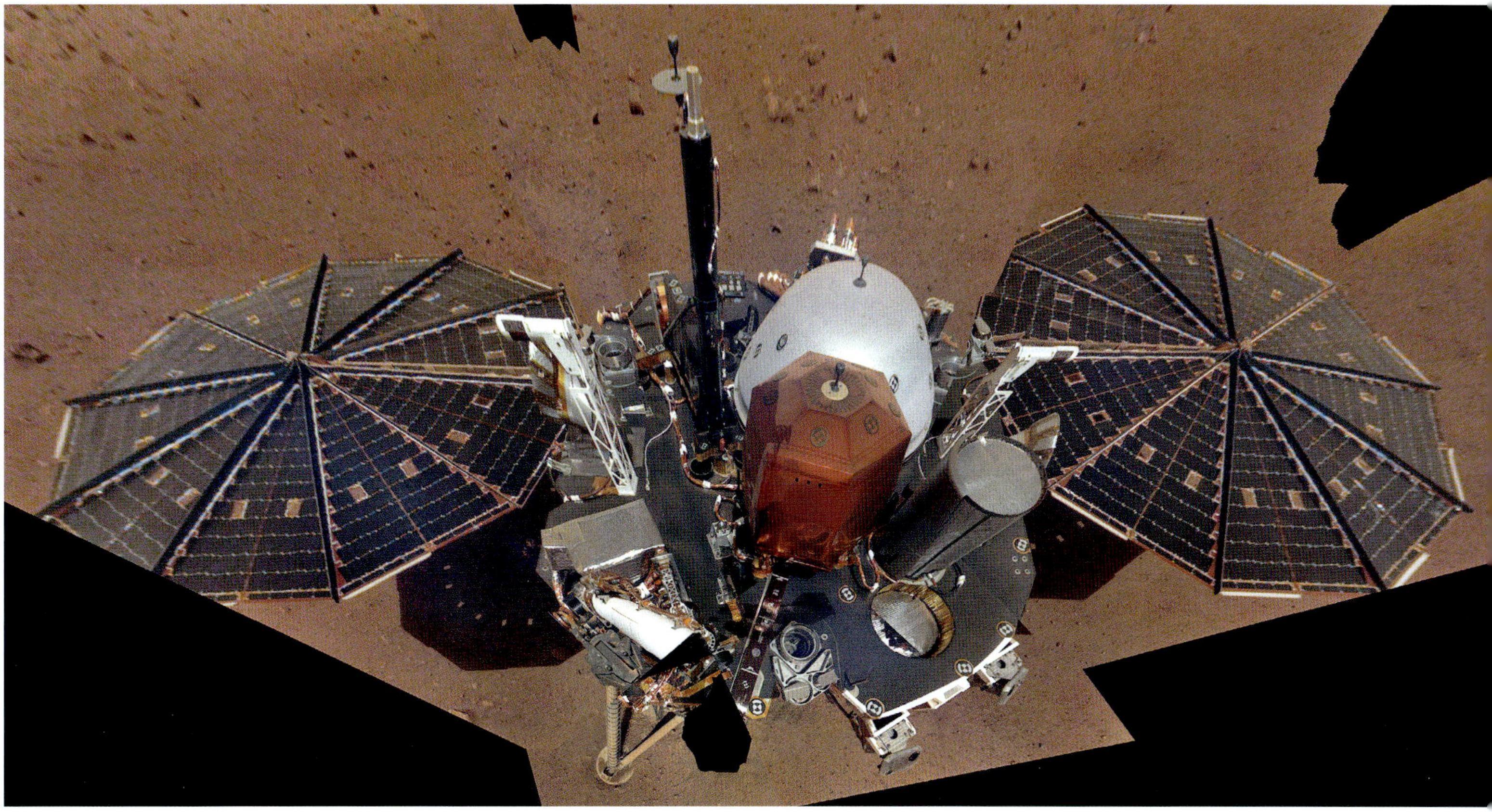

↑ Wie kam Perseverance zu seinem Namen?
Das Namensschild von *Perseverance* ist eine geätzte Titanplatte, die am unteren Teil des Roboterarms des Rovers angebracht ist. Die Platte schützt verschiedene Kabel und Apparaturen. Der Name wurde aus 28.000 Einsendungen im Rahmen eines landesweiten Schülerwettbewerbs »Benenne den Rover« ausgewählt.

←↓ Lichtanalyse
Ein Ingenieur verwendet eine Lichtmesssonde, um die Intensität des simulierten Sonnenlichts zu messen, das verschiedene Teile von *Perseverance* erreicht. Die Daten halfen bei der Planung von Temperatur- und Strahlungskontrollverfahren während der Mission. Die Silhouette oben zeigt die Größe des Rovers im Vergleich zu einem Menschen.

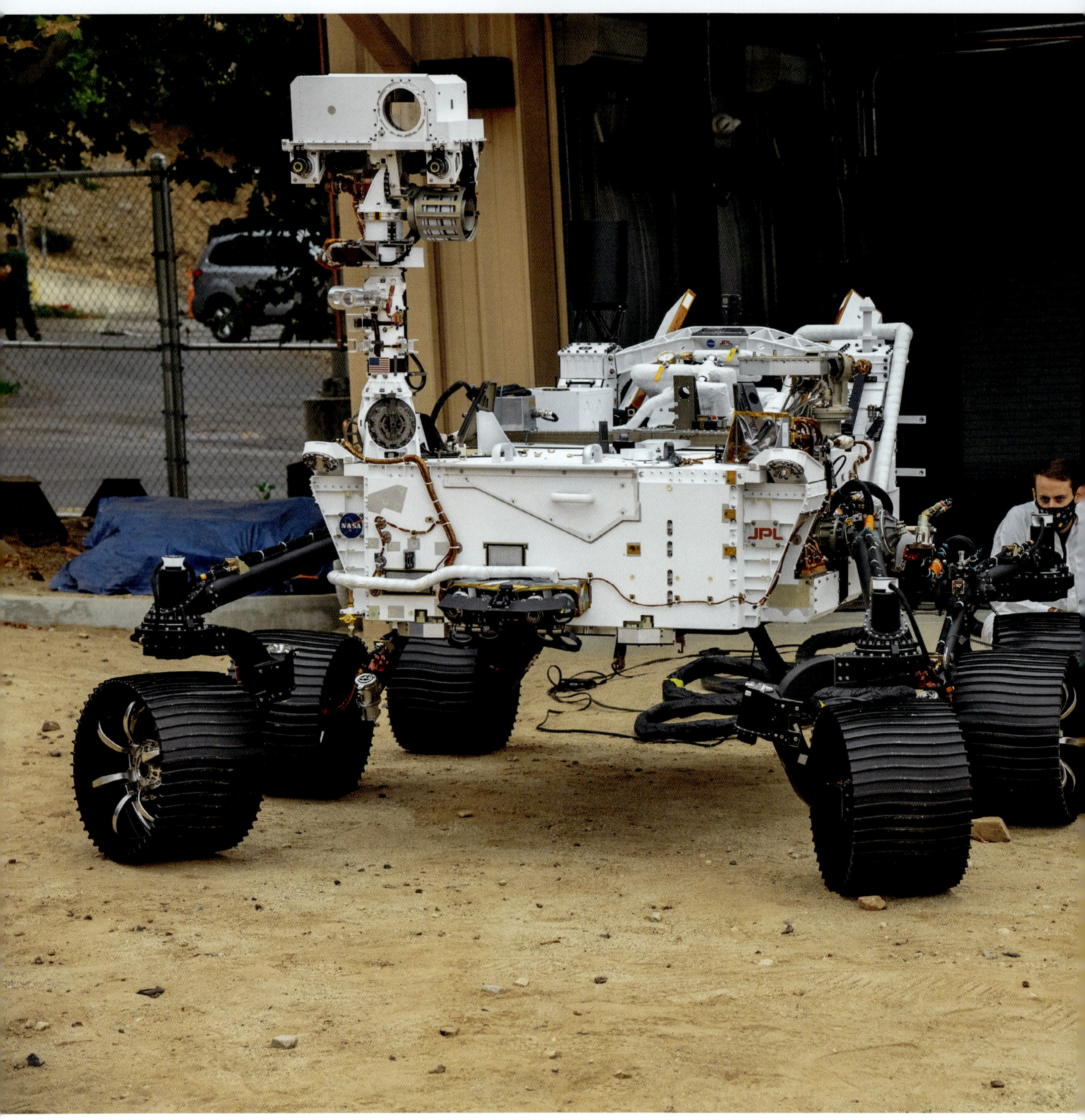
NASA
JPL

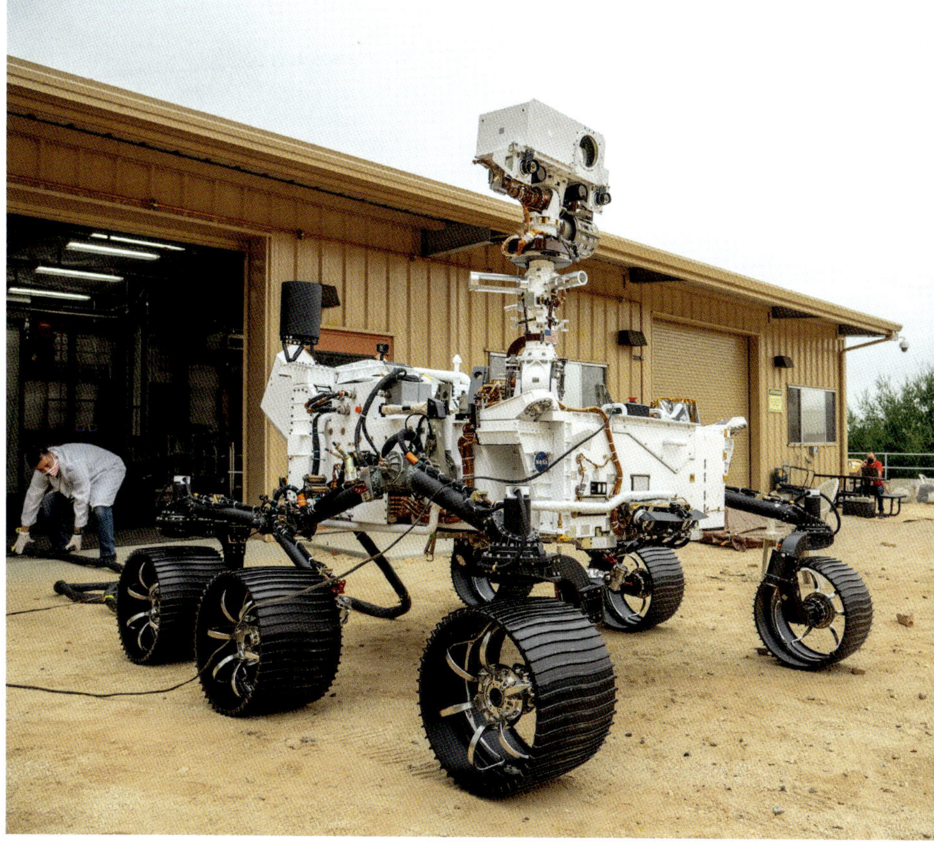

↑← **Irdischer Zwilling**
Ein exaktes technisches Duplikat von *Perseverance* wird im Jet Propulsion Laboratory in Südkalifornien getestet. Dieser Zwillingsrover wird auch zur Lösung von Manövrierproblemen oder anderen technischen Pannen eingesetzt, bevor die entsprechenden Anweisungen an *Perseverance* auf dem Mars gesendet werden. An den Masken lässt sich erkennen, dass die Fotos zu Zeiten der Coronapandemie entstanden.

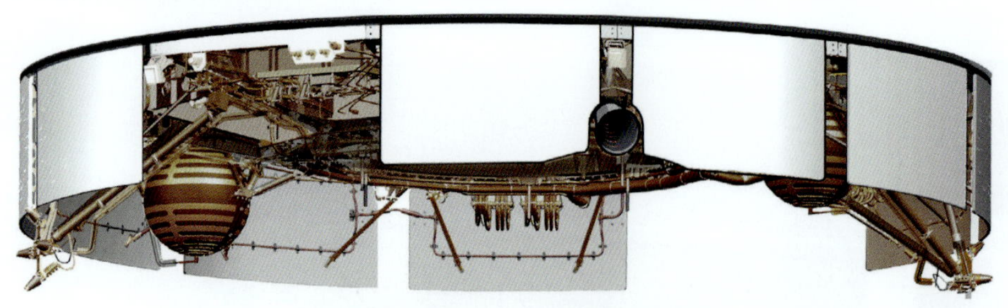

← Transferstufe
Dient während der siebenmonatigen Reise zum Mars als Lebenserhaltungssystem für die Abstiegsstufe und den Rover, versorgt beide mit Strom versorgt und dient der Kommunikation mit der Erde. Kleine Triebwerke ermöglichen Kursanpassungen. Sie wird vor dem Eintritt in die Marsatmosphäre abgesprengt.

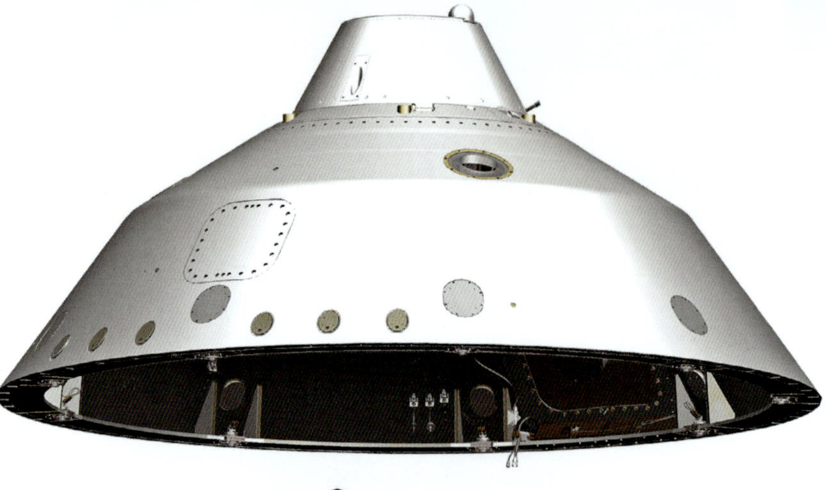

← Obere Abdeckung
Diese Hülle schützt Rover und Skycrane während des Abstiegs durch die Marsatmosphäre. In der Außenhülle befinden sich auch Lageregelungstriebwerke zur Feinabstimmung des Eintritts. Im oberen Teil der Abdeckung befindet sich der Fallschirm, der in der Schlussphase des Abstiegs ausgelöst wird.

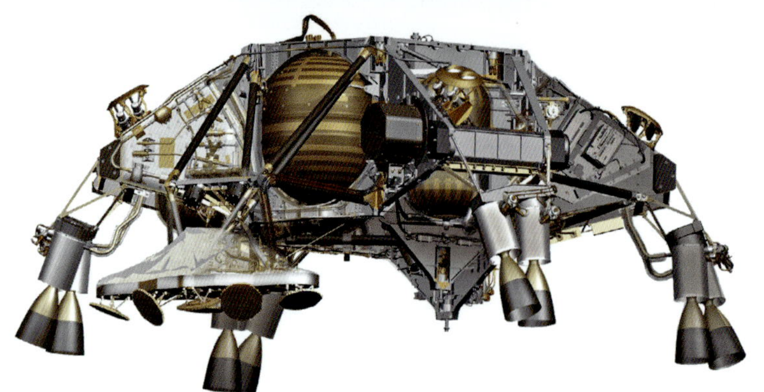

← Abstiegsstufe
Diese oft als Skycrane bezeichnete, raketengetriebene Plattform löst sich in der finalen Landephase von der Schutzhülle. Ihre acht Triebwerke bremsen den endgültigen Abstieg, wobei ein hochpräzises Radar eingesetzt wird. Kurz vor dem Aufsetzen lässt die Abstiegsstufe den Rover sanft an Seilen zur Oberfläche hinab. Dann trennt sie die Kabel ab und schießt davon, um in sicherer Entfernung vom Rover kontrolliert abzustürzen.

← *Perseverance* Rover
Dieses sechsrädrige Fahrzeug, eine Weiterentwickelung des früheren Mars-Rovers *Curiosity*, ist die Hauptnutzlast des ganzen Konstrukts. Es ist vollgepackt mit Kameras, wissenschaftlichen Instrumenten und Ausrüstung zur Entnahme von Gesteinsproben.

← Hitzeschild
Er bremst die Einheit Skycrane/Rover nach dem Verlassen des Orbits ab und schützt die empfindlichen Fahrzeuge im Inneren vor der Hitze beim Eintritt in die Marsatmosphäre.

↓ **Beweise für Wasservorkommen**
Der westliche Teil des Jezero-Kraters, Landeplatz für den *Perseverance*-Rover. Uralte, von Wasser geformte Kanäle transportierten große Mengen an Sedimenten in den Krater. Dieses Bild kombiniert Aufnahmen von mehreren Instrumenten aus der Marsumlaufbahn, die verschiedene Mineralienmerkmale farblich kennzeichnen. Die Sedimente enthalten Tone und Karbonate, die nur im Wasser entstanden sein können.

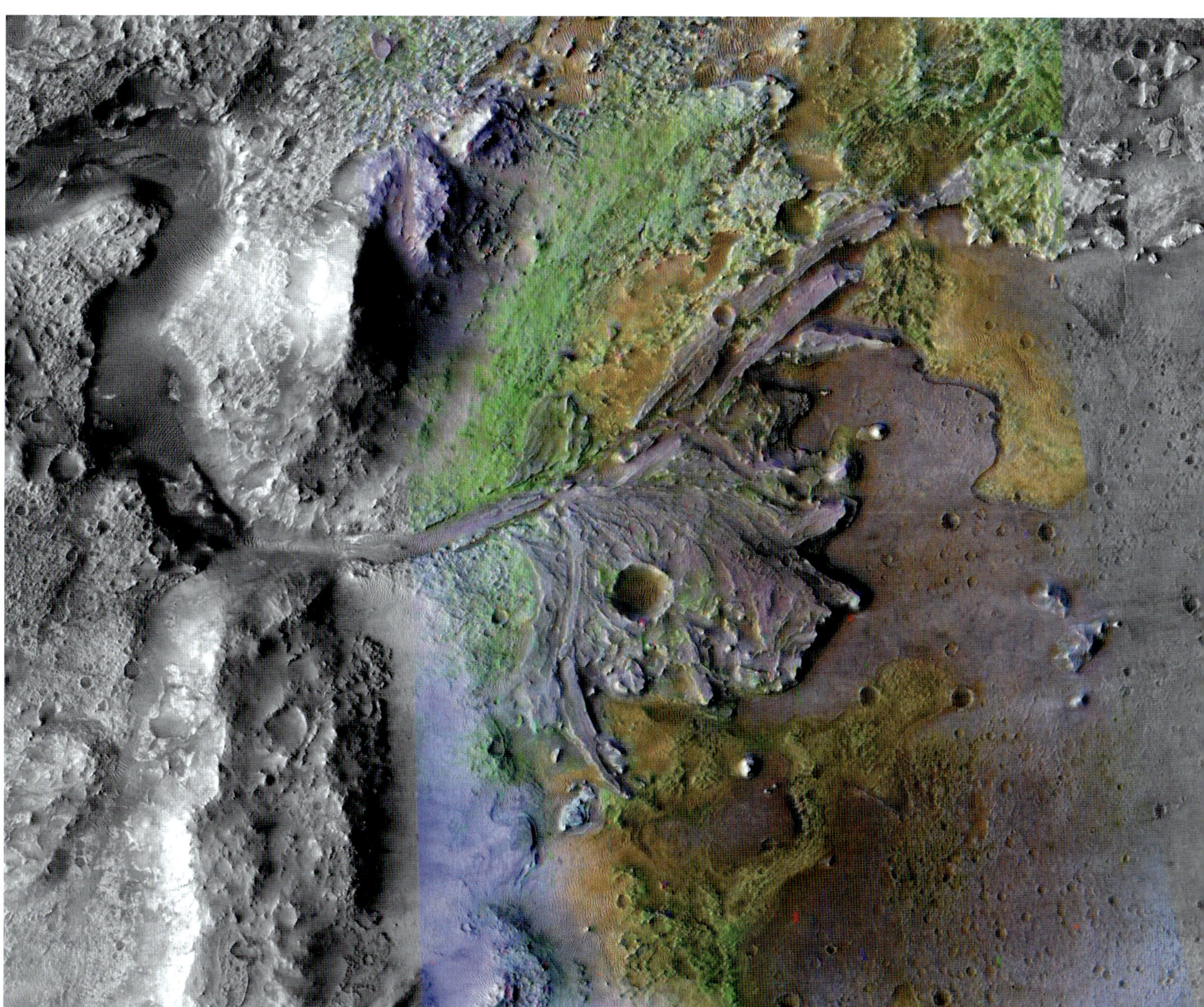

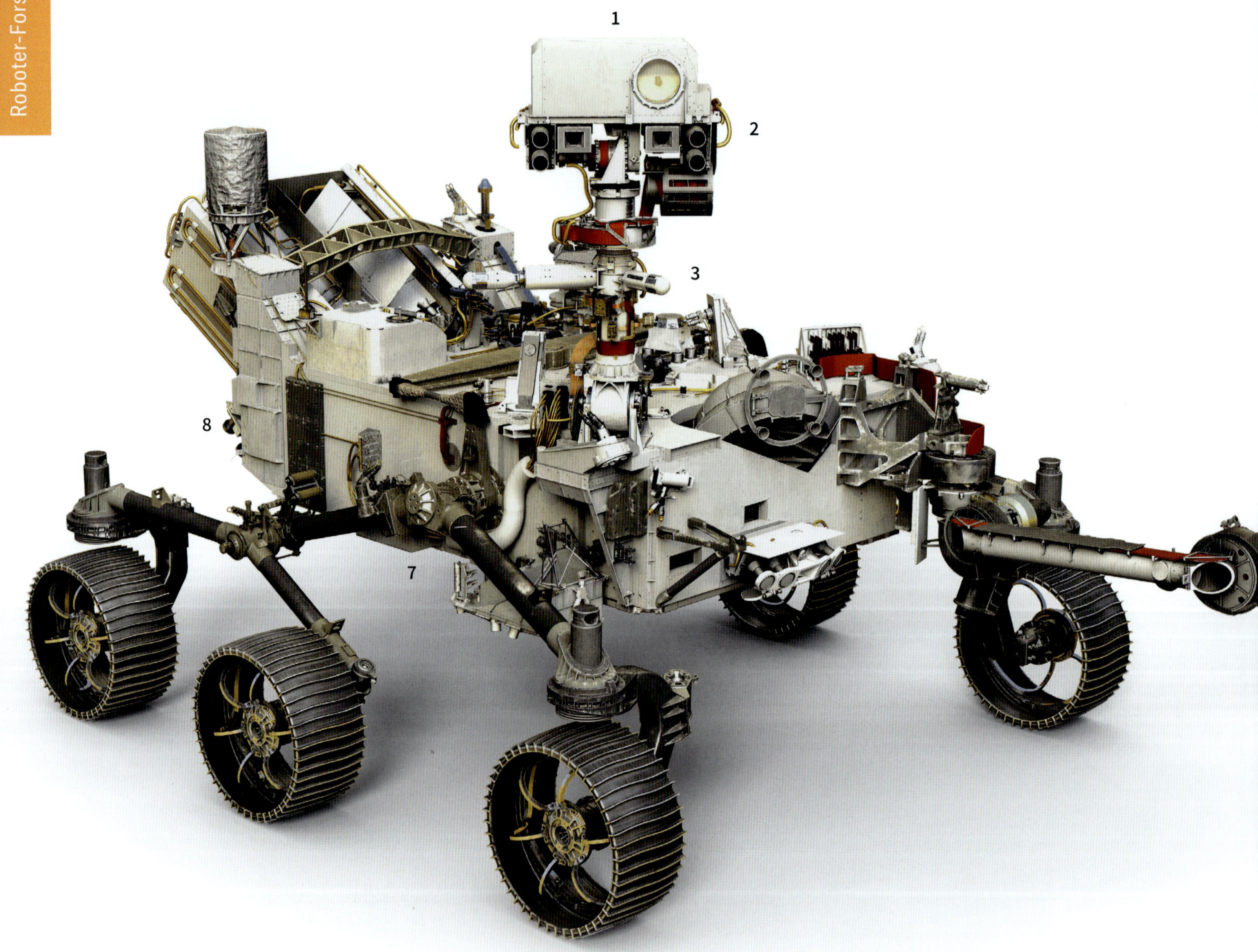
1
2
3
8
7

Die wissenschaftliche Nutzlast von *Perseverance*

1 SuperCam
Ein Kamera-, Laser- und Spektrometersystem, das die chemische Zusammensetzung von Objekten, so klein wie eine Bleistiftspitze, aus einer Entfernung von mehr als 7 m erkennen kann.

2 MASTCAM-Z
Ein fortschrittliches Kamerasystem mit Panorama-, Stereoskopie- und Zoomobjektivfunktion.

3 (Mars Environmental Dynamics Analyzer)
Misst Temperatur, Windgeschwindigkeit und -richtung, atmosphärischen Druck, Luftfeuchtigkeit und den Staubgehalt der Marsatmosphäre.

4 SHERLOC (Scanning Habitable Environments with Raman and Luminescence for Organics and Chemicals)
SHERLOC verwendet Kameras, Spektrometer und einen Laser, um nach organischen Verbindungen zu suchen, die Anzeichen für früheres mikrobielles Leben sein könnten.

5 WATSON (Wide Angle Topographic Sensor for Operations and eNgineering)
Erstellt Bilder, die feine Texturen und Strukturen in Gestein und Staub auf dem Mars sichtbar machen.

6 PIXL (Planetary Instrument for X-ray Lithochemistry)
Ein Röntgenfluoreszenzspektrometer, mit dem sich die chemische Zusammensetzung von Gestein und anderen Oberflächenmaterialien sehr präzise bestimmen lässt.

7 MOXIE (Mars Oxygen In-Situ Resource Utilization Experiment)
Erprobt die Freisetzung von reinem Sauerstoff aus der Kohlendioxidatmosphäre des Mars. Die Ergebnisse könnten für künftige bemannte Missionen nützlich sein.

8 RIMFAX (Radar Imager for Mars' Subsurface Experiment)
Ein bodendurchdringendes Radar zum Aufspüren von Gestein, Eis oder flüssigem Wasser bis in eine Tiefe von rund 10 m unter der Marsoberfläche.

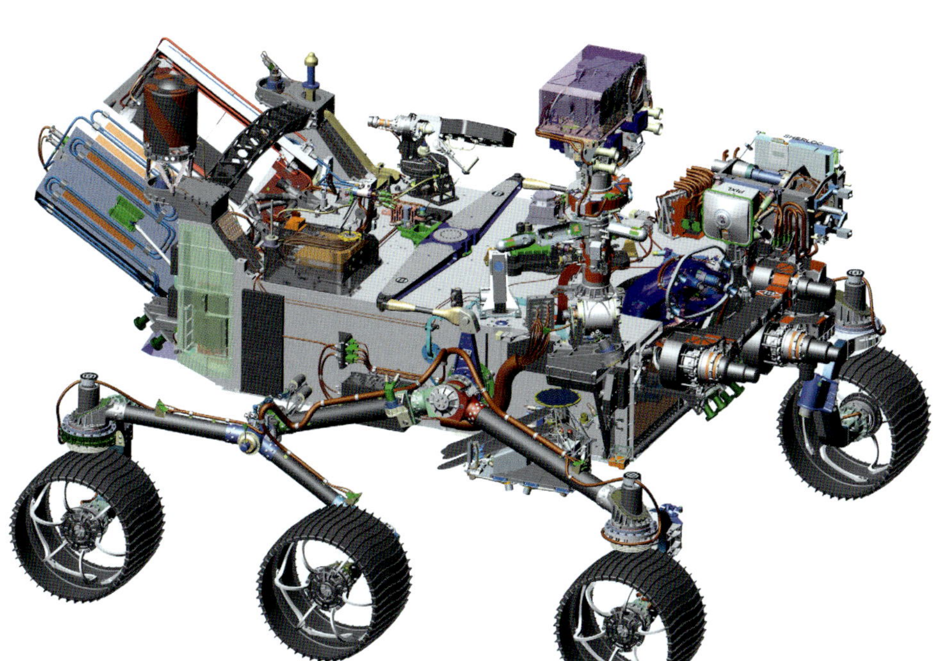

↑ **Gewichtscheck**
Perseverance während eines Tests seiner Massenverteilung im Kennedy Space Center in Florida am 7. April 2020. Die Ingenieure mussten u.a. den Schwerpunkt genau bestimmen, bevor sie den Rover in das Gesamtsystem integrieren konnten.

→ **Schützende Hülle**
Die Transferstufe der *Mars 2020*-Mission sitzt oben auf der glockenförmigen Schutzhülle, die den Skycrane und *Perseverance* umgibt. Der ockerfarbene Hitzeschild ist unten im Bild zu sehen. Das Foto entstand am 28. Mai 2020 im Kennedy Space Center.

MSLAST0003-501 S/N 001
WT. 2650 LBS.

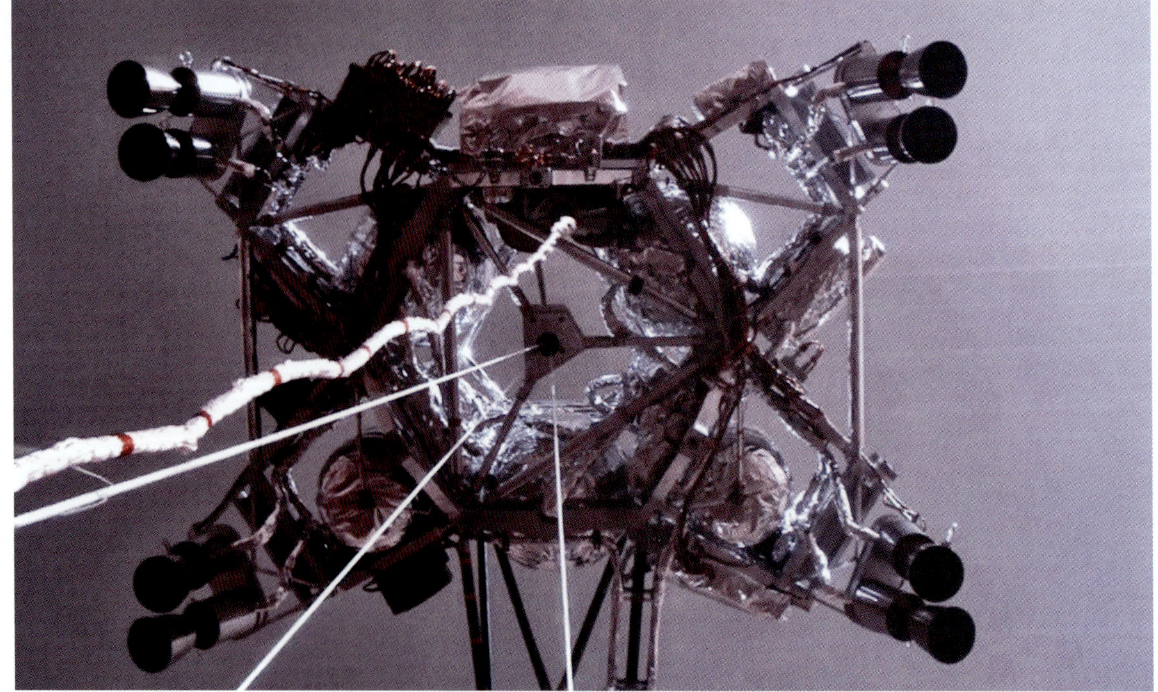

→ **Das Unmögliche auf Video**
Schier unglaubliche Videobilder übertrugen die Kameras des Skycrane und des *Perseverance*-Rovers in den finalen Phasen der Landung. Sie zeigen die Sicht der beiden Fahrzeuge auf einander und die Landung auf dem Mars. Nachdem der Rover sicher auf der Oberfläche war, wurde die gesamte Videosequenz zur Erde übertragen und lieferte historisches Filmmaterial von einer Marslandung, wie sie sich tatsächlich ereignete. Das sehr sehenswerte Video ist im Internet z. B. auf YouTube zu bestaunen.

» Eintritt, Abstieg und Landung werden auch als die »sieben Minuten des Schreckens« bezeichnet, weil wir buchstäblich sieben Minuten Zeit haben, um vom oberen Ende der Atmosphäre bis zur Marsoberfläche zu gelangen, von 13.000 Meilen pro Stunde bis zur Landung, alles in perfekter Abfolge, mit perfekter Choreographie und perfektem Timing. Und der Computer muss das alles alleine machen, ohne Hilfe vom Boden. Wenn auch nur eine Sache nicht richtig funktioniert, ist das Ganze vorbei. «

Tom Rivellini, *Curiosity* EDL-Ingenieur, Februar 2007

←↓↑ Geniale Drohne
Perseverance nutzt seinen Kameraausleger, um das Absetzen der Hubschrauberdrohne *Ingenuity* im April 2021 bildlich festzuhalten. Dieser winzige Flugroboter absolvierte ein Dutzend Flüge, bei denen er in der Regel bis zu 12 m in die dünne Marsluft aufstieg und den Boden mit bis zu 7 km pro Stunde überquerte. Die Flugzeiten betrugen mehr als zwei Minuten, wobei eine Strecke von 600 m zurückgelegt wurde.

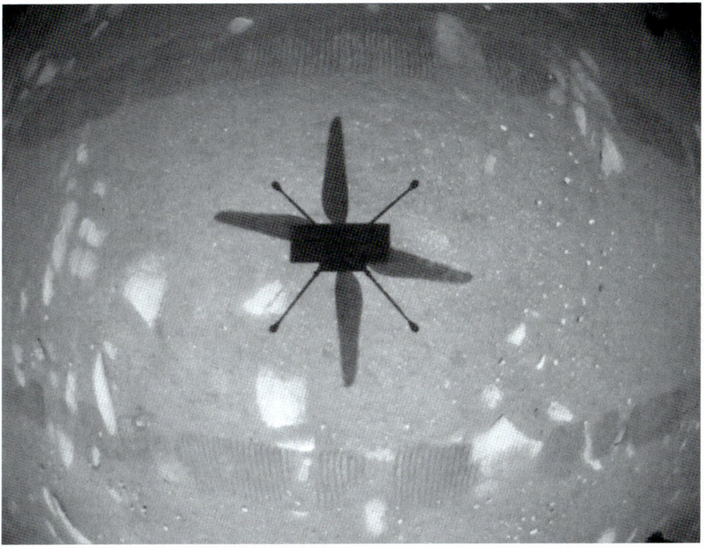

↑ **Der erste Flug in eine andere Welt**
Die ultraleichte autonome Hubschrauberdrohne *Ingenuity* wird abschließend inspiziert, bevor sie in einen Behälter an der Unterseite des *Perseverance*-Rovers verpackt wird.

← **Schattenspiele**
Ingenuity fängt ihren eigenen Schatten ein, während sie am 19. April 2021 über der Marsoberfläche schwebt. Es war der erste motorisierte, kontrollierte Flug auf einem anderen Planeten. Eine Navigationskamera verfolgte den Flugweg.

← **Ein historisches Team**
Perseverance machte sein erstes »Selfie« am 6. April 2021, dem 46. Marstag oder Sol der Mission. Die kleine Drohne *Ingenuity* steht einige Meter vom Rover entfernt. Das Bild wurde von der WATSON-Kamera (Wide Angle Topographic Sensor for Operations and eNgineering) am Ende des langen Roboterarms des Rovers aufgenommen.

↑ **Unbestreitbarer Erfolg**
Am 14. Mai 2021 errang China mit der Landung seines Mars-Rovers *Zhurong* einen echten Triumph im Weltraum (oben). Die China Space Agency (CSA) veröffentlichte Videobilder des Rovers und des Landegeräts, aufgenommen von einer kleinen Kamera auf dem Boden.

← **Europäische Ambitionen**
Ein Techniker der Europäischen Weltraumorganisation ESA in Turin, Italien. Er testet einen Prototyp des ExoMars-Rovers (links). Die echte Version sollte im Jahr 2022 an Bord einer russischen Proton-Rakete zum Roten Planeten starten. Die Landeeinheit sowie einige Messinstrumente des Rovers stammten von Roskosmos. Aufgrund der weltpolitischen Ereignisse zog sich die ESA von dem Vorhaben zurück und plant nun, den Rover 2028 mit Hilfe der NASA zum Mars zu bringen.

4 Marsmenschen von der Erde

4

Marsmenschen von der Erde

Strategien zur Besiedlung einer neuen Welt

Es ist sehr wahrscheinlich, dass die NASA Menschen auf den Mars schicken könnte, wenn die Politiker sie nur lassen würden. Im Jahr 1961, als wir kaum wussten, wie man die Erdumlaufbahn erreicht, setzte sich Präsident John F. Kennedy für die Idee einer Mondlandung ein, und die Aufgabe wurde in nur neun Jahren bewältigt. Heute wissen wir sicherlich genug über den Weltraum, damit Astronauten den Mars erreichen können. Warum also ist es so schwierig?

Tatsächlich haben es einige Präsidenten versucht. Am 20. Juli 1989, als Präsident George H. W. Bush den 20. Jahrestag von *Apollo 11* feierte und Neil Armstrong, Buzz Aldrin und Michael Collins an seiner Seite standen, sprach er von »einer Reise in die Zukunft, einer bemannten Mission zum Mars«. Ein NASA-Team machte sich an die Arbeit, um den berühmt-berüchtigten »90-Tage-Bericht« zu erstellen, der so genannt wurde, weil es so lange dauerte, einen Plan zu entwerfen, der so teuer war, dass Bush wünschte, er hätte den Mars nie erwähnt. Von einer – ebenfalls zu bauenden – Raumstation aus sollte ein 1180 Tonnen schweres interplanetarisches Raumschiff in der Erdumlaufbahn montiert und betankt werden. Die Kosten beliefen sich auf 500 Milliarden Dollar über zwei Jahrzehnte.

Bei der Firma Martin Marietta hielt der Ingenieur Robert Zubrin den Plan für völlig falsch. Seiner Meinung nach bestand kein Bedarf an riesigen Raumschiffen im Stil von »Kampfstern Galactica«. Marietta erlaubte ihm, die Vorschläge des Unternehmens für den Mars neu zu schreiben. Bis Februar 1990 hatte sein Designteam das Gewicht der Missionsausrüstung mit einer radikalen Idee reduziert: »Schicken Sie die meisten Systeme der Besatzung leer raus! Das spart eine Menge Gewicht an Sauerstoff, Wasser, Nahrung und anderen lebenswichtigen Dingen, und man verzichtet auf das Gewicht der Menschen.«

←← **Zukunftsmusik**
Eine recht realistisch anmutende Darstellung des US-Künstlers James Vaughan zeigt einen Astronauten auf dem Mars. Im Hintergrund sein Expeditions-Rover mit Druckkabine. Vorerst ist dies alles noch Zukunftsmusik. Doch wie lange noch?

Leere Plätze auf dem Hinflug

Bei dem als »Mars Direct« bekannten Projekt starten kleine Fahrzeuge von der Erde aus mit ganz gewöhnlichen Raketen, von denen wir bereits wissen, wie man sie baut. Jede unbemannte Nutzlast steuert direkt die Marsoberfläche an, ohne in der Erdumlaufbahn Zeit zu verlieren, und stürzt mit einem Hitzeschild direkt in die Marsatmosphäre, danach geht sie mit dem Fallschirm nieder und wird in der Folge mit einem Airbag oder (im Falle größerer Komponenten) mit einer Bremsrakete zum endgültigen Aufsetzen gebracht. Nach und nach werden so eine Reihe von Rovern, Habitaten, lebenserhaltenden Geräten und anderen Maschinen auf die Oberfläche gebracht. Ein wichtiges Element ist das Erd-Rückkehr-Vehikel, englisch: Earth Return Vehicle (ERV), das den Astronauten am Ende ihrer Erkundungstour die Rückkehr vom Mars in die Heimat ermöglicht. Wie die anderen Nutzlasten kommt auch dieses Fahrzeug ohne Astronauten an, aber das wirklich Verrückte daran ist, dass die Treibstofftanks der Aufstiegsstufe fast leer sind. Das spart Gewicht auf dem Hinflug, aber wie soll das ERV wieder abheben? Die Antwort liegt in einem einfachen chemischen Verfahren, das seit der viktorianischen Ära bekannt ist. Bei der In-Situ-Ressourcennutzung (ISRU) wird das meiste, was benötigt wird, aus der Marsatmosphäre gewonnen, die hauptsächlich aus Kohlendioxid besteht. Die ISRU-Anlage pumpt dieses durch einen Nickelkatalysator, wobei eine Spur von Wasserstoff in die Mischkammer gegeben wird. Der Katalysator spaltet das Kohlendioxid auf, setzt den Sauerstoff frei und verbindet ihn mit dem Wasserstoff, wodurch Wasser entsteht. Der freigesetzte Kohlenstoff reagiert mit dem überschüssigen Wasserstoff zu Methan, das in die Kraftstofftanks des ERVs gepumpt wird.

In der Zwischenzeit fließt ein schwacher elektrischer Strom durch das Wasser, um den Sauerstoff zu extrahieren, während der Wasserstoff, der nun wieder frei ist, zurück in das System gepumpt wird, so dass der Kreislauf von Neuem beginnen kann. Dies ist ein einfacher Elektrolyseprozess, den wir alle aus dem naturwissenschaftlichen Unterricht kennen. Ein Teil des Wassers kann als Trinkwasser zurückbehalten werden, aber in der Hauptsache werden die Astronauten das Wasser direkt aus dem Eis der Marsoberfläche und durch Wiederverwertung ihres Urins und des ausgeatmeten Wasserdampfs gewinnen. 5,4 Tonnen Wasserstoff, die zum Mars transportiert und in eine ISRU-Anlage eingespeist werden, könnten 22 Tonnen Methan und 44 Tonnen Sauerstoff liefern – ausreichend für den Start eines ERV und einen bescheidenen Überschuss, um die Oberflächenausrüstung und ein Rover-Fahrzeug zu betreiben.

Die ISRU wird durch dieselbe Art von thermoelektrischen Plutonium-Miniaturgeneratoren angetrieben, die bereits für die Galileo-Mission zum Jupiter, die Reise von Cassini-Huygens zum Saturnsystem und die neueste Generation von Marsrovern verwendet wurden. Trotz der Umweltbedenken ist der Start dieser Einheiten sicher, da das Plutonium in äußerst widerstandsfähigen Behältern untergebracht ist. Damit ISRU funktioniert, muss nichts Neues erfunden werden. Auf dem Rover *Perseverance* gibt es ein Experiment, um genau diese Idee zu testen. Das Mars Oxygen In-Situ Resource Utilization Experiment (MOXIE) durchlief im April 2021 eine triumphale Erprobung, bei dem etwa 5 g reiner Sauerstoff erzeugt wurde, was einer Sauerstoffmenge von 10 Minuten für einen Astronauten entspricht. Dies war nur ein winziger Vorversuch. Ein größeres Gerät könnte sicherlich den gesamten Sauerstoff liefern, den eine bemannte Mission benötigen würde.

Zurück zum Ablauf der Mars-Direct-Mission: Die Menschen werden erst dann zum Mars gebracht, wenn sie wissen, dass alles an Ort und Stelle auf sie wartet, einschließlich eines vollgetankten, startbereiten ERV. Das abfliegende Besatzungsmodul hat nur das Nötigste an Bord: die Astronauten, Lebensmittel und Lebenserhaltungssysteme für die Hinreise, ein Abstiegssystem mit Landetriebwerken (es wird ja keine Aufstiegsstufe benötigt) und das war‘s auch schon. Die Missionen werden nur dann gestartet, wenn sich Erde und Mars in ihren Umlaufbah-

→↑ **Optimistische Zukunftsvisionen**
Diese Mitte der 1970er-Jahre entstandenen Darstellungen einer zukünftigen Marskolonie des bekannten Raumfahrtkünstlers Robert McCall sind optimistische Visionen dessen, was in einem Jahrhundert vielleicht möglich sein könnte.

nen nahe beieinander befinden und beide auf der gleichen Seite der Sonne sind. Dies geschieht etwa alle zwei Jahre. Mars Direct verwendet einen Zeitplan für die Starts, der mit der Annäherung der Planeten zusammenfällt.

Nach Hause kommen

Der Nachteil dieses »Niedrigenergie-Flugbahnsystems« ist, dass eine Mission mit Besatzung mehr als zwei Jahre in Anspruch nimmt, da die Astronauten bis zu 18 Monate auf dem Mars warten müssen, bis der Planet wieder nahe an der Erde vorbeizieht und sie die Heimreise an Bord des ERV antreten können. Theoretisch verlängert sich dadurch die Aussetzung der Astronauten gegenüber der solaren und kosmischen Strahlung, räumt Zubrin ein, »aber die Masse des Mars ist ein ziemlich guter Strahlenschutz. Mit der klassischen Mutterschiff-Methode gelangt man zwar innerhalb von 18 Monaten zum Mars und wieder zurück, aber die meiste Zeit davon verbringt man im Weltraum, wo die größte Strahlungsgefahr besteht.«

Die derzeitige Sterblichkeitsrate der Astronauten zeigt, dass sich ihre Lebenserwartung (abgesehen von Unfällen) nicht von derjenigen normaler Menschen unterscheidet. Dennoch will die NASA keine Menschen auf den Mars schicken, bevor das Strahlungsproblem nicht eingehender untersucht wurde. Neue Arten der Abschirmung werden sicherlich helfen. Traditionell wurden die Außenhüllen von Raumfahrzeugen aus Aluminium und anderen Leichtmetallen gebaut. Moderne Kunststoffverbundwerkstoffe bieten einen besseren Schutz vor Strahlung. Wasserstoff in Wassermolekülen ist ebenfalls ein guter Blocker. Die Lagerung von Tiefkühlkost an den Wänden der Wohnmodule könnte die Abschirmung steigern, ohne das Gewicht des Raumfahrzeugs zu erhöhen. Der Rückflug vom Mars zur Erde in einem kleinen ERV wäre allerdings kein Vergnügen. Es gibt viele Kompromissversionen des Mars-Direct-Konzepts, darunter auch die Möglichkeit, dass ein ERV nach dem Start an ein kleines Habitat- und Antriebsmodul andockt, das in der Umlaufbahn wartet, um den Astronauten etwas mehr bewohnbaren Raum und Antriebskraft für die Rückreise zur Erde zu geben. Zumindest hätten die Astronauten die Gewissheit, dass sie bei ihrer Ankunft auf der Erde sofort Hilfe für ihren erschöpften Körper erhalten würden.

Allerdings würde auf dem Mars keine medizinische Hilfe warten, so dass sie so fit wie möglich ankommen müssten. Zubrin schlägt vor, dass zumindest für den Hinflug künstliche Schwerkraft erzeugt werden könnte. Nachdem die Oberstufe der Trägerrakete für die Astronauten ausgebrannt ist, könnte man ihre leeren Tanks für einen Trick nutzen. Durch ein langes Seil miteinander verbunden, könnte man die beiden Komponenten in Rotation versetzen, wodurch die Zentrifugalkraft im Inneren des Besatzungsmoduls entsteht. Wenn die Landung auf dem Mars dann bevorsteht, wird die Drehung gestoppt, das Seil samt der leeren Stufe abgetrennt und die Schwerelosigkeit wiederhergestellt.

Menschliche Faktoren

Die technischen Probleme für eine bemannte Mission scheinen somit lösbar zu sein. Die politischen und finanziellen Aspekte sind eine andere Sache, auch wenn private Unternehmen wie SpaceX mit ihren bemerkenswerten Fortschritten im Raketengeschäft den Mars in greifbare Nähe rücken – zumindest technisch gesehen. Dazu kommt noch der menschliche Faktor. Wie der britische Science-Fiction-Autor J. G. Ballard einmal so treffend bemerkte: »Die größten Entwicklungen der unmittelbaren Zukunft werden nicht auf dem Mond oder dem Mars stattfinden, sondern auf der Erde, und es ist der innere Raum, der erforscht werden muss, nicht der äußere. Selbst im Weltraum sind die fremdartigsten Kreaturen, denen wir begegnen werden, wir selbst«.

Und genau dies wird heute hier auf unserem Heimatplaneten getestet. Wer jemals die Insel Devon im Norden Kanadas besucht, wird vielleicht überrascht sein, was er dort findet. Dort gibt es einen riesigen, etwa 23 km breiten Krater, der vor rund 32 Millionen Jahren durch den Einschlag eines Asteroiden entstand. Die raue Felslandschaft sieht aus wie die Oberfläche eines anderen Planeten, und wenn man dann noch ein Team von Forschern in Raumanzügen sieht, die im Krater Gesteinsproben sammeln, könnte man wirklich meinen, man sei auf einer fremden Welt gelandet. Im Jahr 1997 rief der NASA-Wissenschaftler Pascal Lee ein Projekt zur Erforschung des Haughton-Einschlagskraters auf der Insel Devon ins Leben. Als er ihn zum ersten Mal sah, wusste er, dass er einen perfekten Ort für die Ausbildung von Marsforschern gefunden hatte. Also wandte er sich an die Mars Society, einen 5000 Mitglieder starken Zusammenschluss von Wissenschaftlern, Ingenieuren und Raumfahrt-Enthusiasten, der sich dafür einsetzt, dass Menschen so bald wie möglich den Roten Planeten betreten können. Mit einer Mischung aus privater Unterstützung und NASA-Geldern baute die Mars Society ein simuliertes Marshabitat auf Devon Island. Hier ist es eiskalt, aber auch sehr trocken. Wie Lee sagt: »Hier kommen wir dem Mars so nahe wie möglich, ohne die Erde zu verlassen«.

Mit Unterstützung der NASA lieh sich die Mars Society ein C-130-Transportflugzeug der US Marines, um ihre gesamte Ausrüstung auf die Insel zu fliegen. Das riesige Flugzeug konnte in der rauen Landschaft allerdings nirgends landen, also wurde alles auf Paletten verpackt und per Fallschirm abgeworfen. Ein wichtiger Ausrüstungsgegenstand löste sich dummerweise beim Abwurf aus dem Gurtzeug und wurde beim Aufprall auf den Boden völlig zerstört. Es war der Spezialkran, den das Bauteam eigentlich brauchte, um die Wände des Habitats in Position zu bringen. Tausende von Kilometern von Hilfe entfernt und unter bitterkalten Bedingungen mussten sie daher improvisieren, um das Habitat fertigzustellen. Es war ein erster dramatischer Test für genau die Art von Notfällen, die auch bei einer echten Marsmission auftreten können.

Heute ist das Houghton-Mars-Projekt, benannt nach dem Einschlagkrater, eine der spannendsten und realistischsten Mars-Simulationen überhaupt. Jeden Sommer, wenn die Bedingungen einigermaßen erträglich sind, lernen Teams von Wissenschaftlern und Studenten, wie man auf dem Roten Planeten lebt und arbeitet. Die Regeln sind dabei sehr streng. Niemand verlässt eines der Habitatmodule, es sei denn, er trägt einen Raumanzug. Die »Astronauten« müssen sogar 30 Minuten lang in der Luftschleuse ausharren, um den Druckausgleich zu simulieren. Nach der Rückkehr ins Habitat müssen alle ihre Anzüge mit einem Staubsauger reinigen, um den vermeintlich giftigen Staub von draußen loszuwerden.

Die Raumanzüge sind natürlich nur Kostüme, der Staub ist vollkommen ungefährlich und die Atmosphäre außerhalb des Habitats ist problemlos atembar. Aber alle spielen mit, als ob es real wäre. So lernen die Teilnehmer, wie man auf dem Mars lebt, wie man in den beengten Wohnräumen miteinander auskommt und wie man auf der Marsoberfläche effizient arbeitet. Lee vergleicht die Erfahrung mit einer Ausbildung beim Militär, »nur dass es nicht um Krieg, sondern um Erkundung geht. Der Mars wird ein schwieriger Ort sein, also muss man seine Taktiken ausarbeiten, bevor man auf die eigentliche Mission geht.«

Das Personal von Haughton-Mars kommuniziert per Funk mit dem Ames Research Laboratory der NASA in Kalifornien. Allerdings darf niemand ein normales Telefongespräch führen, denn bei einer echten Marsmission würden die Funksignale im Durchschnitt zehn Minuten brauchen, um zur Erde zu gelangen. Also wird eine künstliche Zeitverzögerung in die Funkverbindung eingebaut, um dies zu imitieren.

Ähnliche »marsanaloge« Lebensräume werden auch von anderen Ländern erprobt, die Zugang zu entsprechend kalten und trockenen terrestrischen Gebieten haben. Nach über einem Jahrhundert der Faszination für den Roten Planeten erliegen wir immer noch dem Bann dieser geheimnisvollen Welt. Obwohl wir alle wissen, dass eine bemannte Mission teuer, gefährlich und schwierig sein wird, scheint es einen Konsens darüber zu geben, dass ein solches Projekt in nicht allzu ferner Zukunft »unvermeidlich« ist. Die ersten menschlichen Fußabdrücke auf dem Mars rücken also näher.

Doch zunächst müssen wir herausfinden, wie wir uns für das Leben auf dem Mars richtig einkleiden. Staubstürme auf dem Mars werden in Science-Fiction-Filmen oft als große Gefahr dargestellt. Aber da die Atmosphäre so dünn ist, würden Stürme selbst vermutlich keinen großen Schaden anrichten. Die eigentliche Gefahr geht eher vom Staub selbst aus und nicht von den Winden, die ihn transportieren. Der Mars ist mit pulverförmigen rötlichbraunen Eisenoxiden bedeckt, die dem irdischen Rost ähneln, mit dem Unterschied, dass die Körner unangenehm scharfe Kanten haben. Der Staub enthält auch giftige Peroxide, hochreaktive Chemikalien, die durch die jahrtausendelange Einwirkung der ultravioletten Strahlung der Sonne entstanden sind.

Korrekt gekleidet

Das Einatmen dieses Staubs ist gefährlich. Daher darf der Staub auf keinen Fall in ein Besatzungsmodul oder einen Wohnbereich gelangen. Doch jedes Mal, wenn die Astronauten im Raumanzug von einem Ausflug an die Oberfläche zurückkehren, bringen sie Staub mit. Also gibt es nur eine sichere Möglichkeit das Einschleppen zu verhindern: der Raumanzug selbst darf niemals an Bord eines Raumschiffs oder in eines der Habitatmodule gelangen. Der Anzug wird immer in einem Stück bleiben, mit Handschuhen, Stiefeln und Helm, die fest angebracht sind. Der Lebenserhaltungsrucksack ist mit einem rechteckigen Luftschleusenadapter ausgestattet, der an ein Habitat oder das Heck eines unter Druck stehenden Oberflächenfahrzeugs angedockt wird. Sobald eine luftdichte Abdichtung hergestellt ist, öffnet sich der Rucksack wie eine Flügeltür und der Astronaut klettert aus dem Anzug in das Habitat hinaus. Es wird kein Staub hineingetragen. Wenn sie nicht gebraucht werden, bleiben die Anzüge draußen an einem speziellen »Anzugdock«.

Herkömmliche Raumanzüge sind halbflexible Konstruktionen, aber ihr Design hat einen Nachteil. Astronauten müssen eine Zeit lang reinen Sauerstoff mit niedrigerem Druck einatmen, bevor sie sich aus dem Raumschiff in das Vakuum des Weltraums begeben. Wären die Anzüge mit normaler Luft/normalem Druck gefüllt, würden sie aufquellen und so steif werden, dass es unmöglich wäre, darin zu arbeiten. Künftige Marsanzüge könnten bzw. müssten starrer konstruiert werden, ähnlich einer Rüstung, so dass die Astronauten zwischen ihnen und den Habitatbereichen wechseln können, ohne sich um wechselnde Drücke sorgen zu müssen. Derzeit bereitet sich die NASA auf ein Programm namens Artemis vor, mit dem zum ersten Mal seit mehr als einem halben Jahrhundert wieder Menschen auf die Mondoberfläche gebracht werden sollen. Dies wird es uns ermöglichen, alle Aspekte des Lebens auf einer anderen Welt zu testen, bevor die viel riskantere Reise zum Mars ansteht. Es mag noch eine Weile dauern, bis wir den Roten Planeten erreichen, aber was vor ein paar Jahrzehnten noch reine Science-Fiction war, scheint heute in den Bereich des Machbaren zu gelangen – solange wir uns hier auf der Erde nicht selbst zerstören. Unsere eigene Heimatwelt muss sicher und zivilisiert sein, wenn wir uns zu einer weltraumfahrenden Spezies mit planetaren Außenposten entwickeln wollen. Während wir nach anderen Welten greifen, sollten wir auch den Boden schätzen, auf dem wir bereits stehen. ▶|

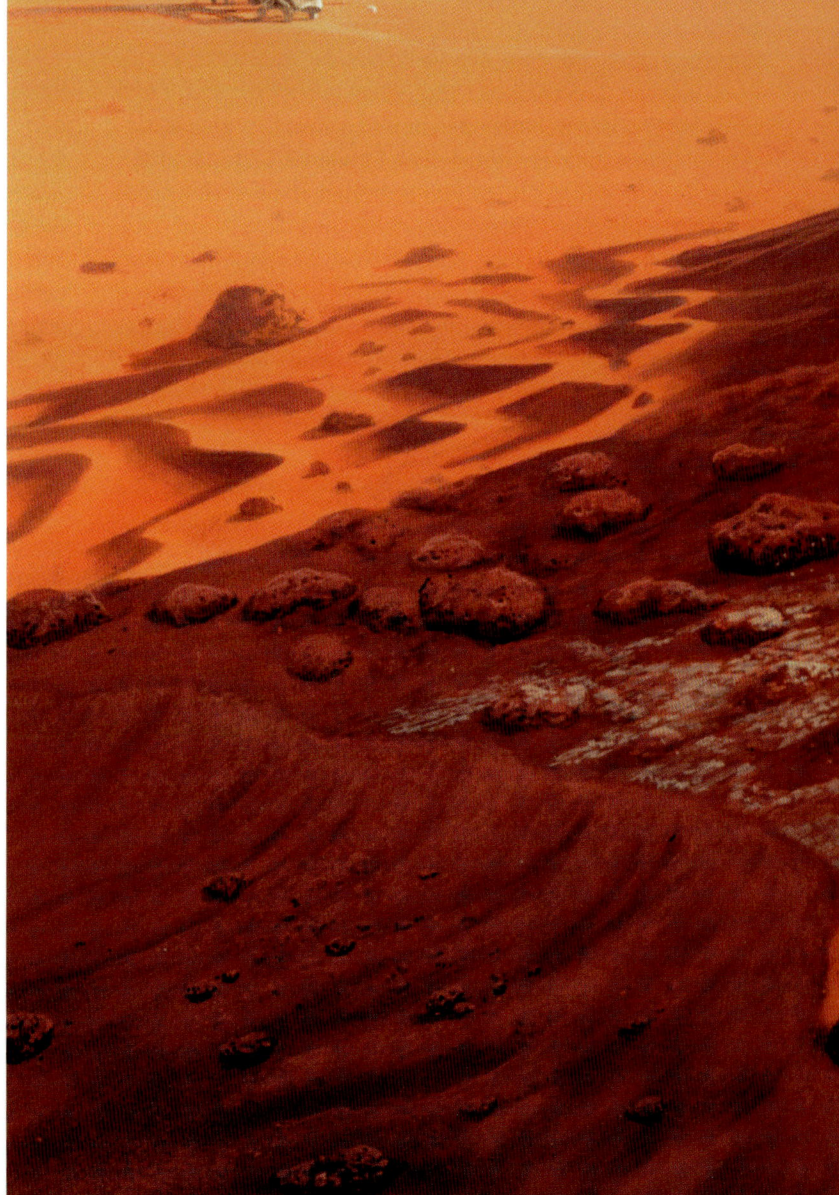

→ **Erster Ausflug**
Die Darstellung von Pat Rawlings aus dem Jahr 1993 zeigt eine mögliche Marserkundung. Nach einer kurzen Fahrt von ihrem Landeplatz im Ganges Chasma halten zwei Forscher an, um einen Landeroboter und seinen Rover zu inspizieren. Der Rover sieht *Sojourner* schon sehr ähnlich.

HAL
6
HUDSON

←→ **Konzeptstudien**
Als sich die *Apollo*-Missionen Mitte der 1970er-Jahre dem Ende zuneigten, entwickelten ehrgeizige Marsplaner das Mars-Exkursionsmodul (MEM), wie es hier der britische Raumfahrtkünstler David Hardy Anfang der 1970er-Jahre (links) und der NASA-Künstler Les Bossinas 1989 (rechts) darstellten. Dies war nur eine von vielen Ideen für Marsmissionen, die allerdings keine politische Unterstützung fanden.

» Historiker werden in ferner Zukunft zweifellos die Verzögerung unserer Weltraumpläne um ein halbes Jahrhundert als nur vorübergehend betrachten, als einen kurzen Schluckauf in der großen Zeitspanne der Ereignisse. «

Arthur C. Clarke, 1997

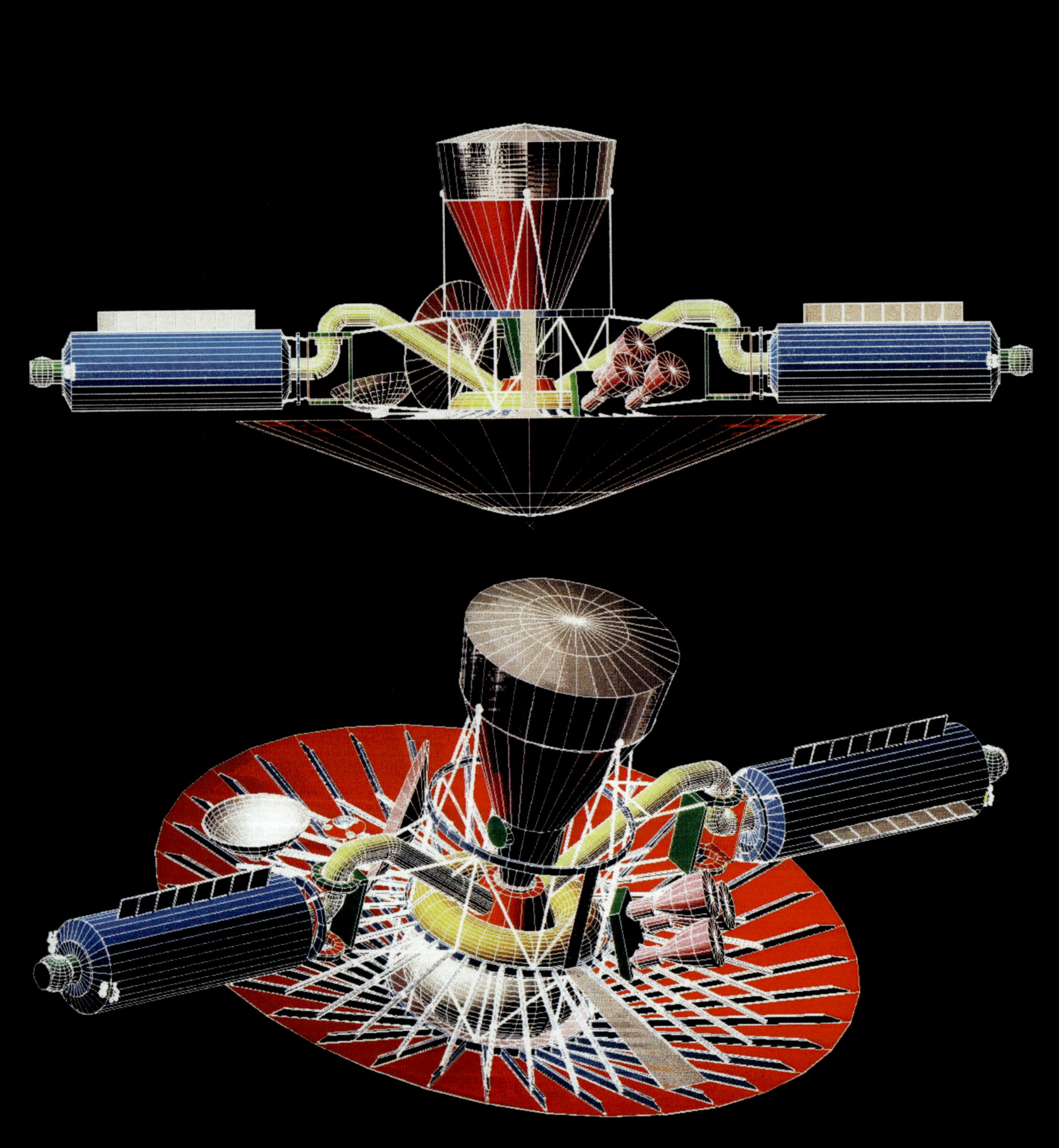

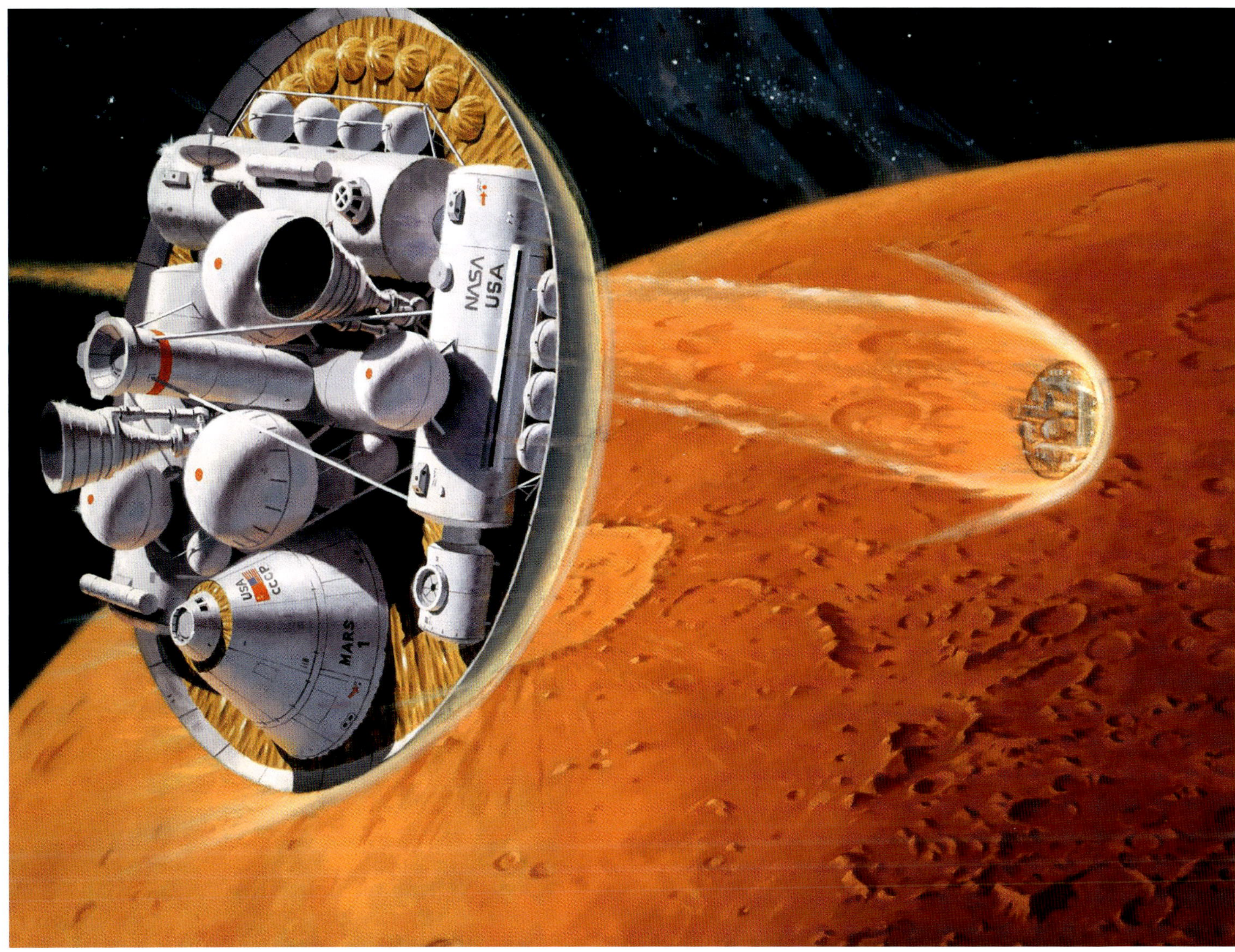

↑ **Zusammenarbeit im Kalten Krieg**
Der renommierte Luft- und Raumfahrtkünstler Robert McCall schuf in den 1980er-Jahren dieses Bild (oben). Es zeigt ein sowjetisch-amerikanisches Landesystem beim Eintritt in die Marsatmosphäre.

← **Künstliche Schwerkraft**
Ein NASA-Konzept aus dem Jahr 1989 sah vor, große Nutzlasten mit einem enormen Hitzeschild auf die Marsoberfläche zu bringen. Während des Hinflugs von der Erde klappten die Besatzungsmodule aus und das gesamte Raumschiff drehte sich um die Längsachse, um künstliche Schwerkraft zu erzeugen – so zumindest der Plan.

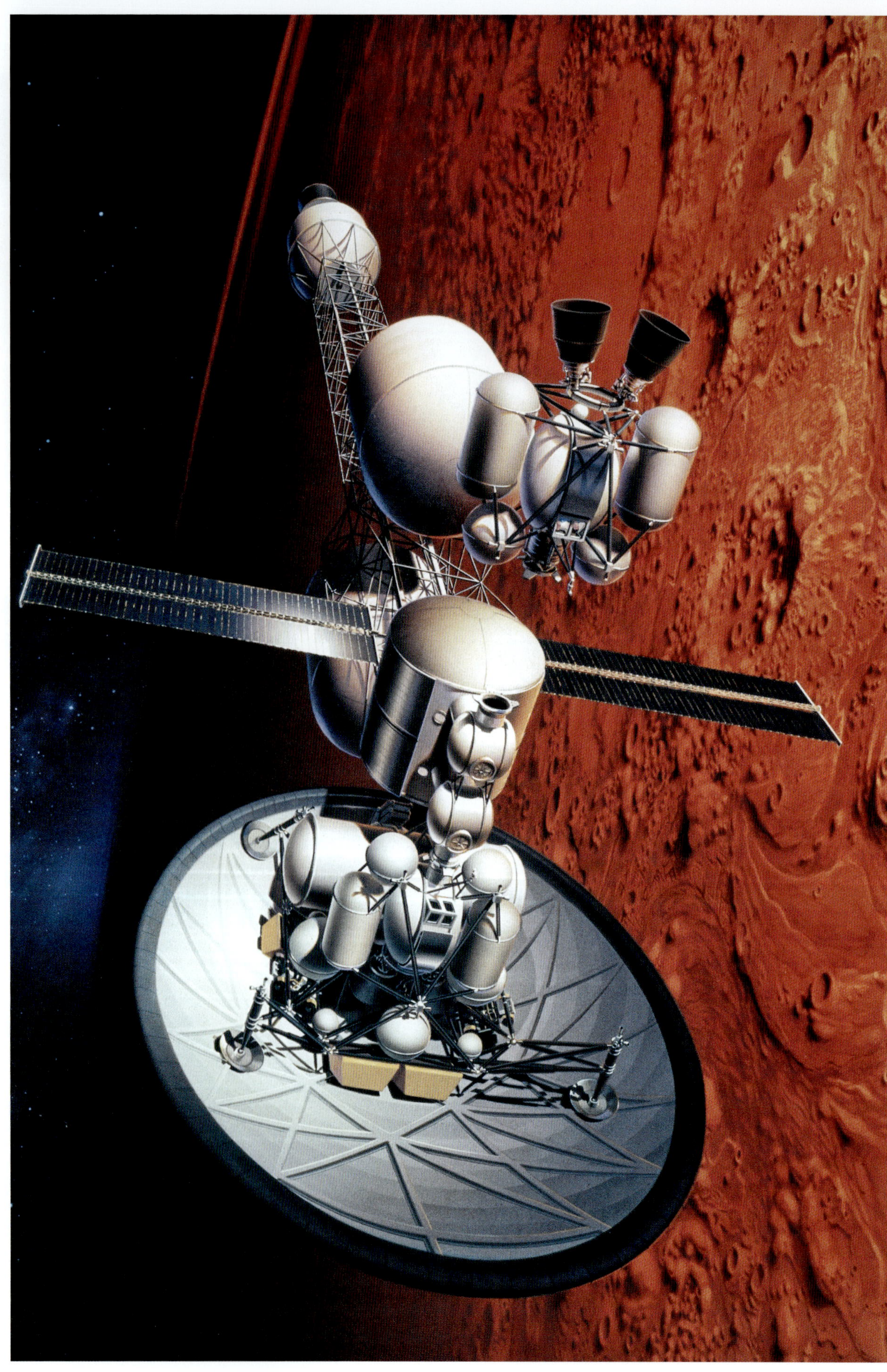

→→ **Hitzeschild-Konzepte** Paul Hudson fertigte in den 1990er-Jahren für die NASA diesen Vorschlag zu einem nuklear angetriebenen Raumfahrzeug an. Ein großer Hitzeschild mit einem Lander dominiert die Szene, während eine Aufstiegsstufe beim Andocken zu sehen ist. Die Darstellung rechts von Pat Rawling zeigt eine solche Rückkehrstufe in Aktion.

NASA

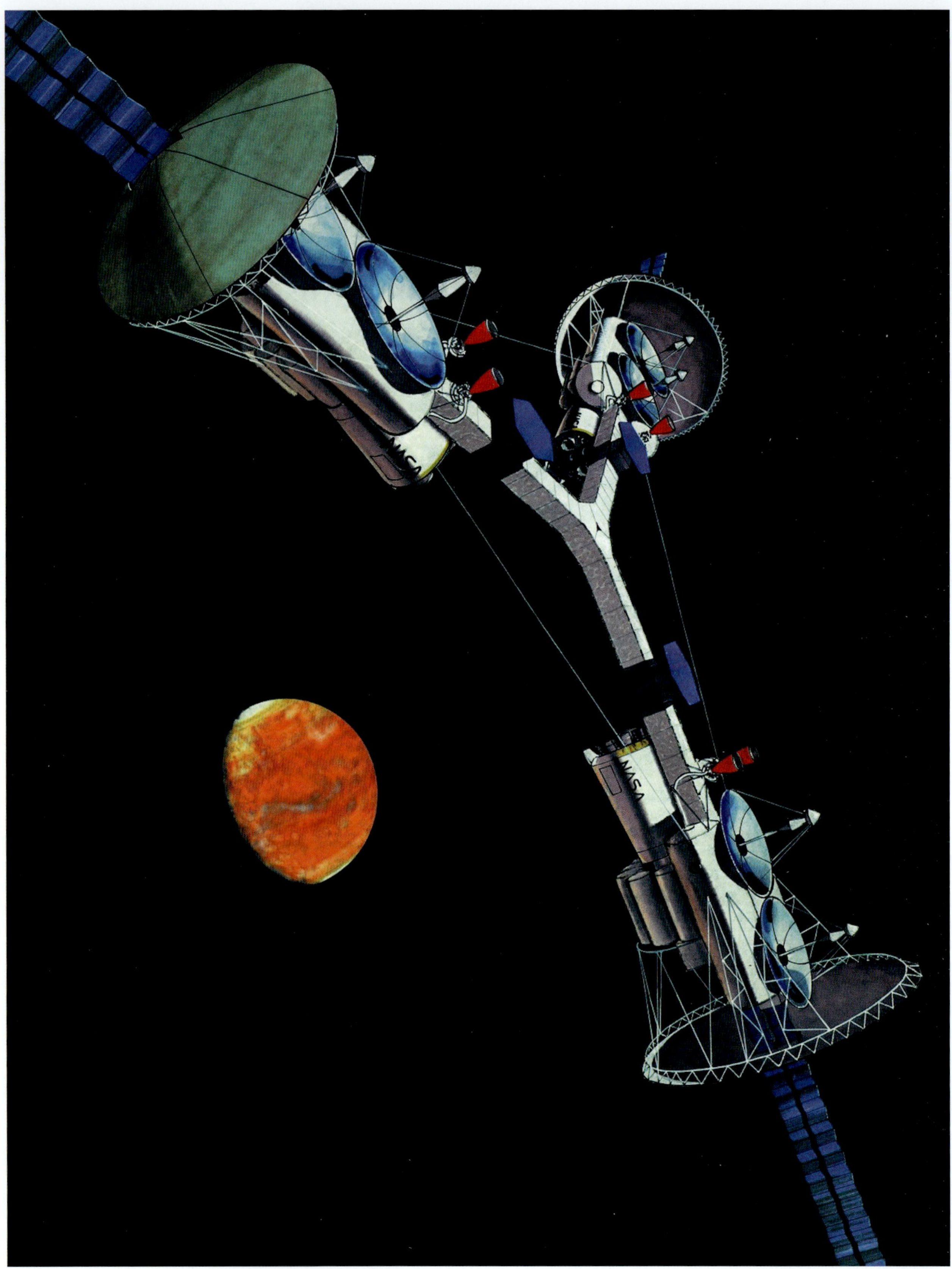

→ **Mars-Direct-Variante**
Eine Variation des Mars-Direct-Konzepts sah vor, drei kleine Raumfahrzeuge zu koppeln und dann in Rotation zu versetzen, um für die Reise zum Mars künstliche Schwerkraft zu erzeugen. Hier eine Zeichnung dazu von Carter Emmart.

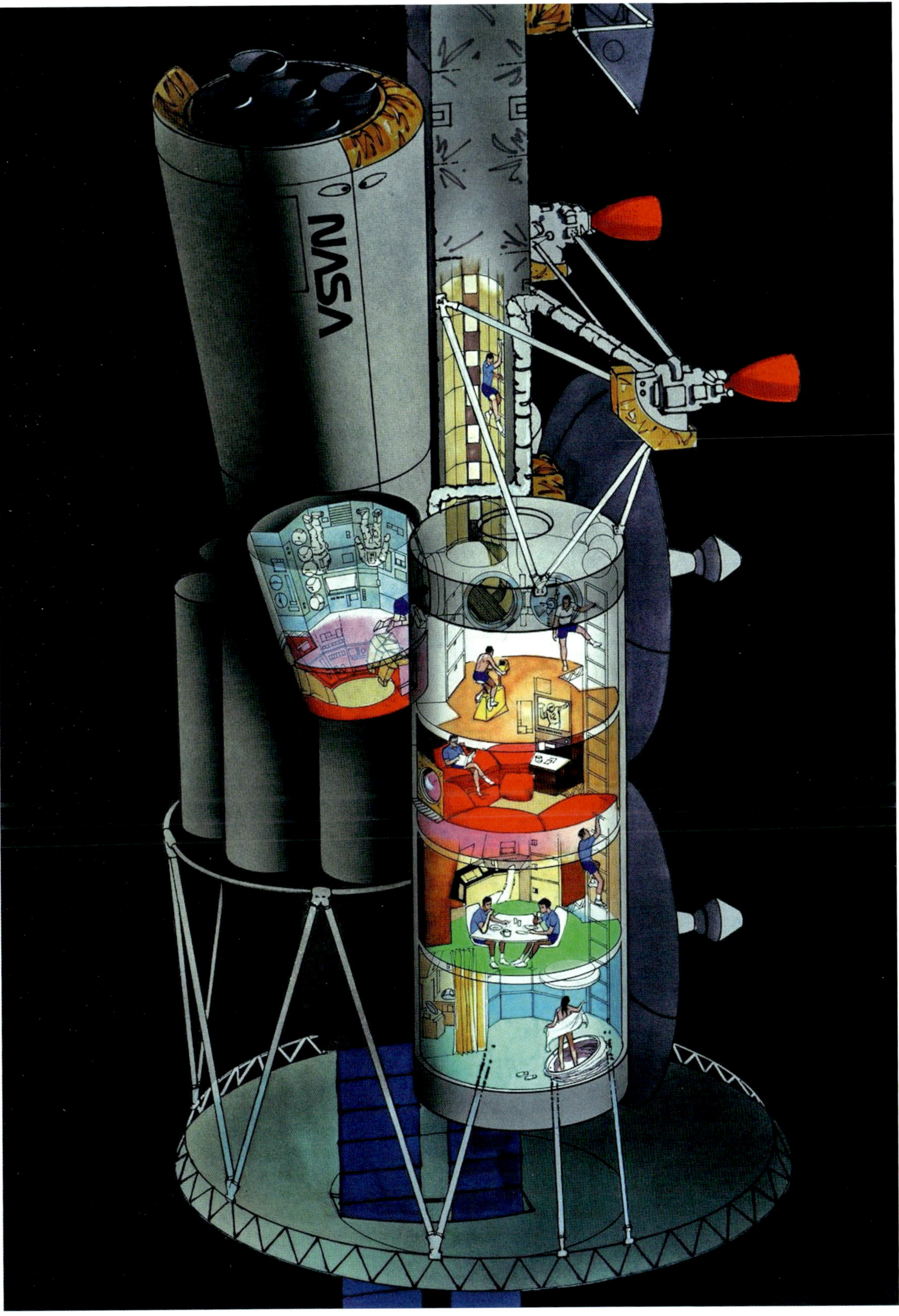

← Innenansichten
Hier das gleiche Konzept in einer Detailansicht – sie zeigt eines der Wohnmodule für die Reise zum Mars und zurück zur Erde. Auf einer solchen Mission werden die mentalen Herausforderungen für die Besatzung ebenso herausfordernd sein wie die technischen.

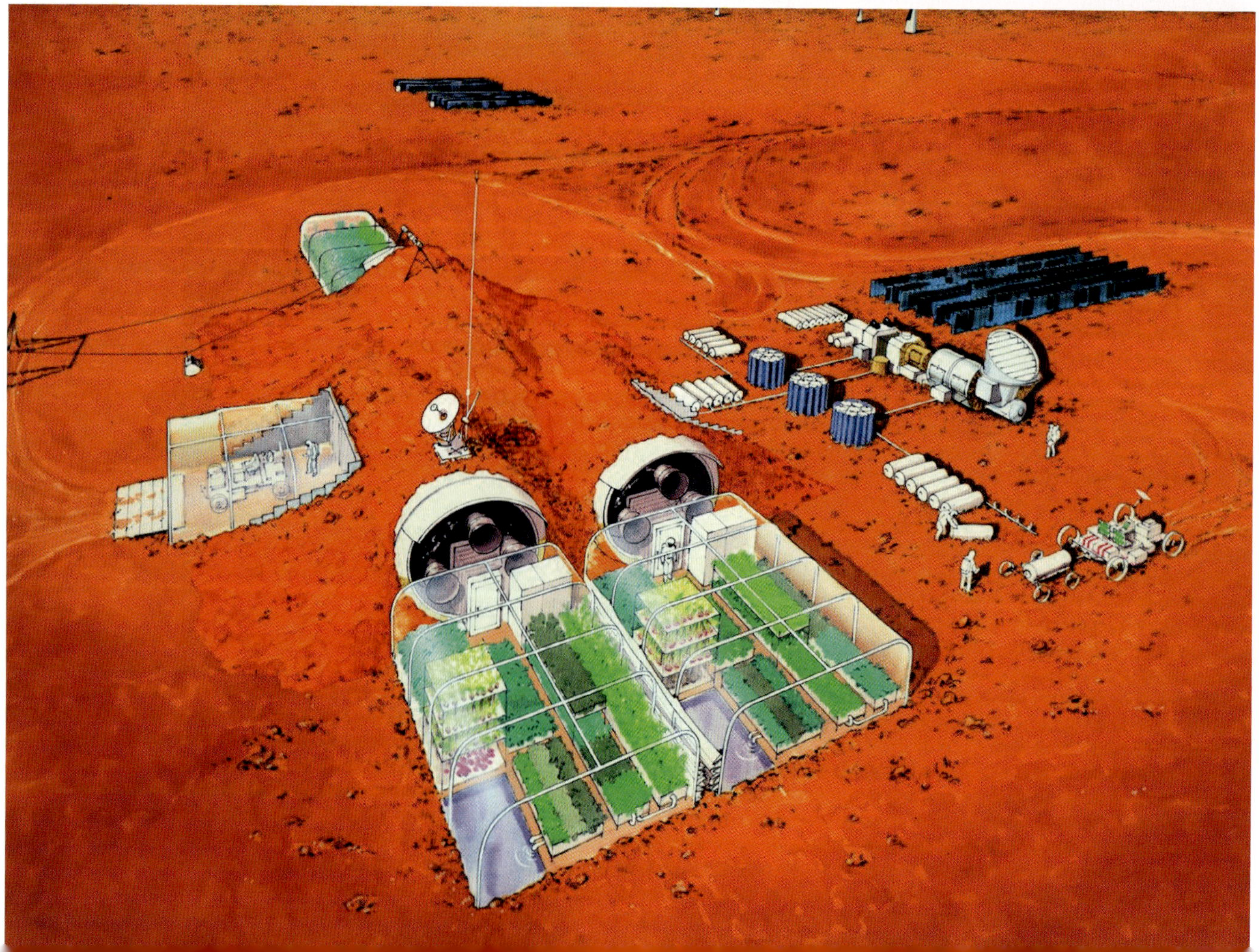

↑ **Der ultimative Campingausflug**
Computerdarstellung eines großen Mars-Rovers mit Druckkabine von John Frassanitos. Die Astronauten würden bei Langstreckenerkundungen tage- oder sogar wochenlang an Bord des Fahrzeugs leben müssen.

← **Bleiben oder gehen?**
Eine Darstellung der Mars-Direct-Abstiegsstufen auf dem Mars. Diejenigen, die horizontal aufsetzen, enthalten Fracht und Ausrüstung und werden nicht wieder ins All starten. Die vertikal gelandeten Schiffe hingegen dienen als Aufstiegsstufen für rückkehrende Besatzungen. Im unteren Bild wurden zwei Frachtstufen zu Wohnräumen umfunktioniert und mit Marsboden bedeckt, um die Strahlung abzuhalten. Weiterhin erkennt man Gewächshäuser, eine Luftschleuse sowie technische Installationen.

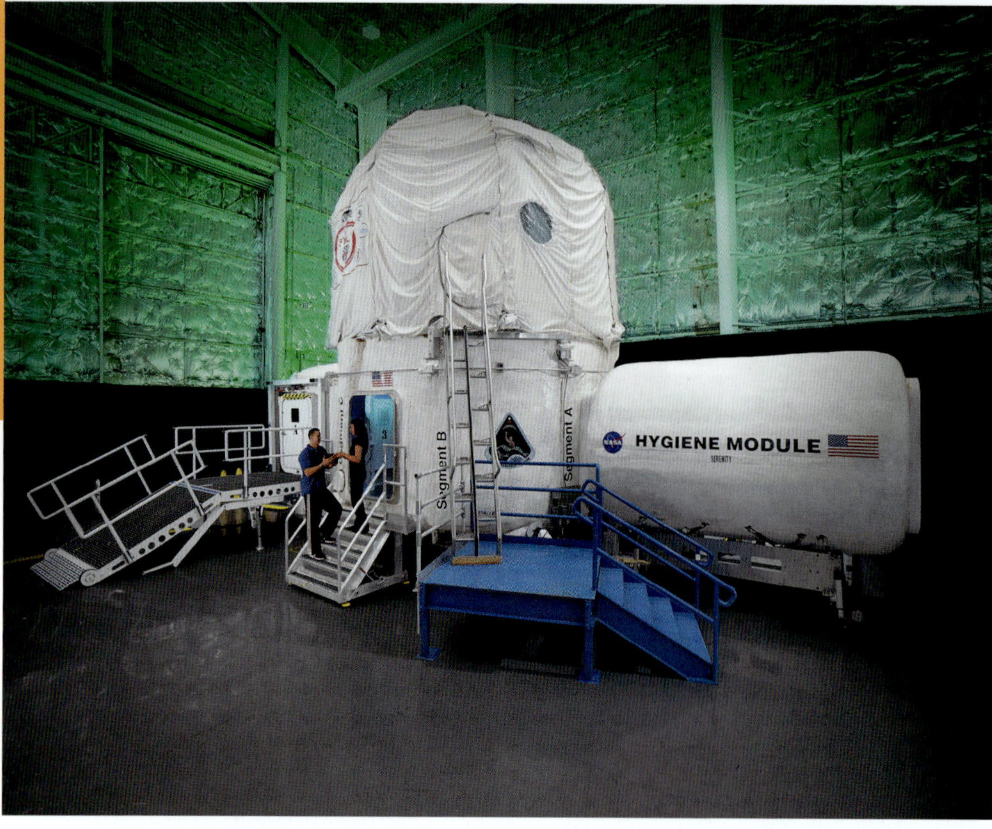

↑→ **Generalprobe**
Diese Freiwilligen sind für viele Tage in dem Modul HERA (Human Exploration Research Analog) im Johnson Space Center der NASA eingeschlossen. Klar ist: die größten Herausforderungen einer künftigen Marsmission werden eher psychologischer als technischer Natur sein.

» Die größten Entwicklungen der nahen Zukunft werden nicht auf dem Mond oder dem Mars stattfinden, sondern auf der Erde, und es ist der innere Raum, nicht der äußere, der erforscht werden muss. Selbst im Weltraum sind die fremdartigsten Kreaturen, denen wir begegnen werden, wir selbst. «

Science-Fiction-Autor J. G. Ballard, 1962

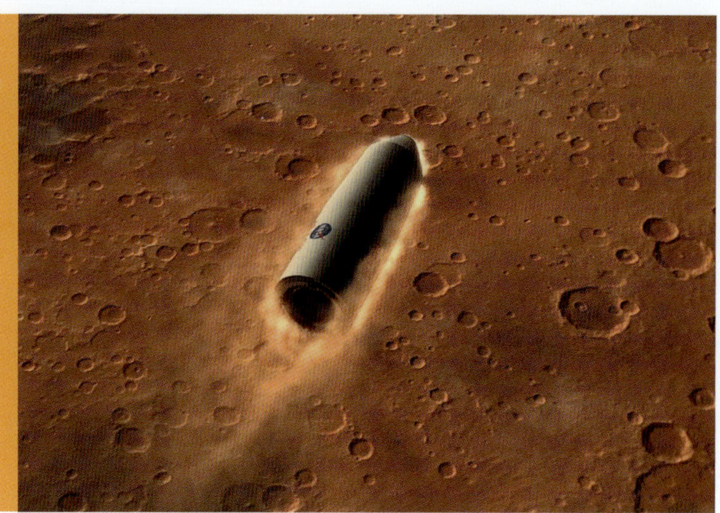

←↓ **Komplexe Frachtschiffe**
Der Grafiker John Frassanito fertigte für die NASA dieses Konzept einer horizontal landenden Abstiegsstufe an, die entweder Fracht oder ein Earth Return Vehicle (ERV) absetzen soll. Der schützende Hitzeschild (oben links) wird nach dem Eintritt in die Marsatmosphäre abgesprengt und gibt den Lander frei. Auf den weiteren Bildern ist ein Frachtlander und eine erste Habitatkuppel mit einigen Fahrzeugen zu sehen.

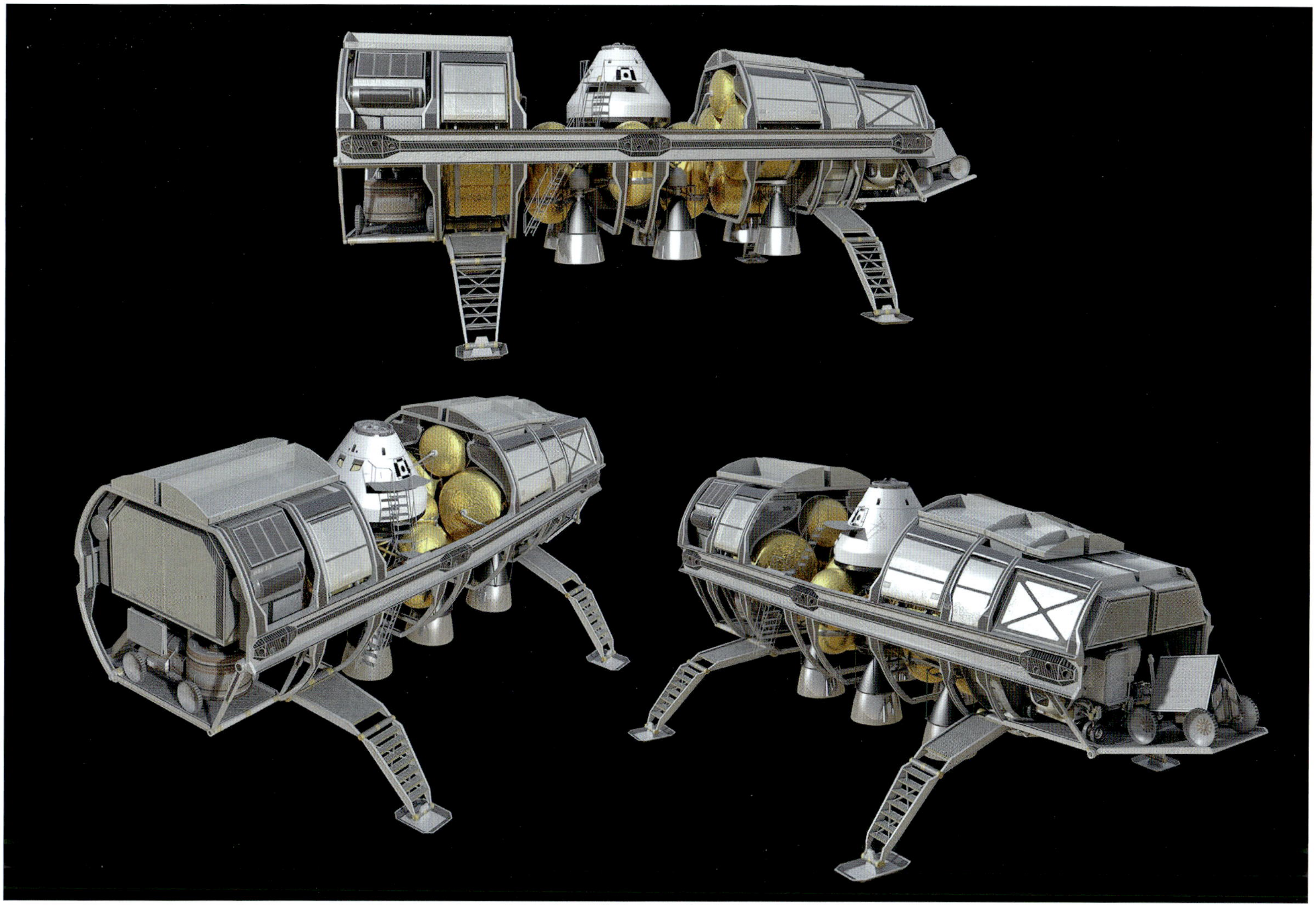

←↑ **Der Einfluss des Orion**
Die konische Form des in die Abstiegsstufe integrierten ERV (oben) basiert auf den aktuellen Orion-Raumschifftechnologien der NASA. Im Bild links startet ein ERV, um in die Umlaufbahn zurückzukehren.

→→ **Neue Ideen für einen alten Traum**
2017 fertigte James Vaughan diese Darstellung einer bemannten Mission zum Mars an. Im Vordergrund erzeugen die rotierenden Ausleger einer Besatzungssektion künstliche Schwerkraft. Im Hintergrund brechen Lander zur Oberfläche auf.

UNITED STATES
VAUGHAN

↓→ Die aktuellen Konzepte
Die neueste Studie von Lockheed Martin für die NASA zeigt eine Basisstation im Marsorbit für ankommende Besatzungen und abfliegende Lander. Rechts werden die Orion-Stufen von der Erde durch ein vollständig wiederverwendbares aerodynamisches Landefahrzeug ergänzt, das regelmäßig zwischen der Marsoberfläche und der Basisstation pendelt.

MARS
LANDER
3
UNITED STATES
USA
NASA
NASA

← **Wiederverwendbare Lander**
In dieser Darstellung zeigt James Vaughan seine Vorstellung von wiederverwendbaren Landefahrzeugen (ähnlich denen auf der vorigen Seite). Die Größe dieser Schiffe lässt auf ein beeindruckendes Erkundungsprogramm schließen. Werden wir diese Reisen im Geiste der Neugier unternehmen, oder könnte eine Katastrophe auf der Erde unsere Wanderung auslösen? Letzteres wollen wir nicht hoffen.

↑ **Meuterei im All**
Ares III kehrt zur Erde zurück, aber nicht um zu bleiben. Die Besatzung nutzt die Erdanziehung für ein offiziell nicht genehmigtes »Slingshot«-Manöver, um zum Mars zurückzukehren und ihr gestrandetes Crewmitglied zu retten.

← **Durchaus realistisch**
Das Raumschiff *Ares III* in Ridley Scotts Film *Der Marsianer* von 2015. Als ein Astronaut versehentlich auf dem Mars zurückgelassen wird, überlebt er, indem er Kartoffeln in einem Substrat aus Marserde und seinen eigenen Abfällen anbaut.

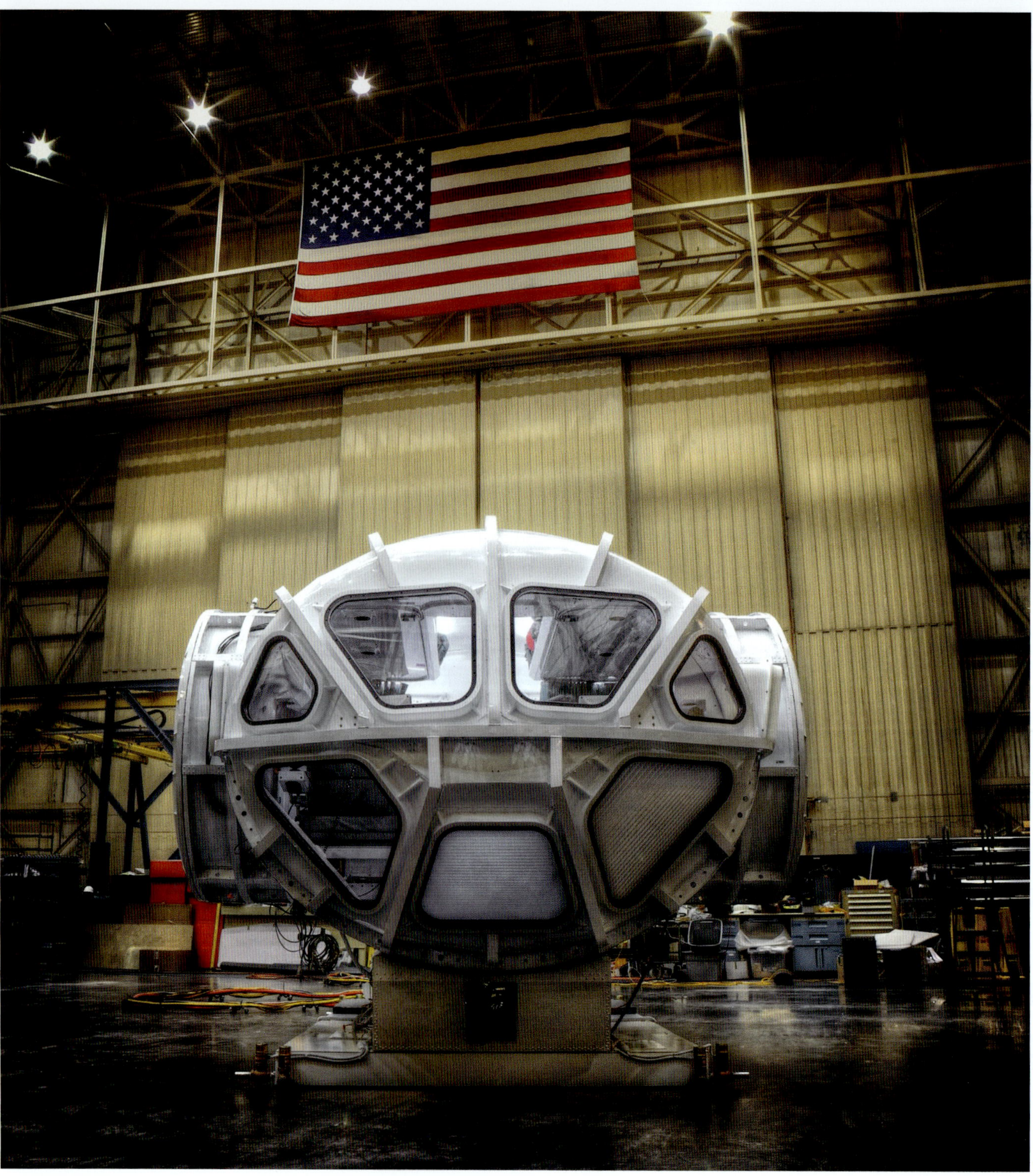

←↑ **Plug-and-play**
Ein NASA-Konzept, das als Multi-Mission Space Exploration Vehicle (MMSEV) bekannt ist, würde austauschbare Elemente kombinieren, wie z.B. eine Antriebsstufe oder eine Rover-Druckkabine, so dass verschiedene Missionen mit gemeinsamen Modulen durchführbar wären. Links wird in einem Hangar des Johnson Spaceflight Center (JSC) ein Modell der Besatzungskabine getestet. Oben testet ein Mitglied des RATS-Teams (Research and Technology Studies) im MMSEV-Simulator die gleiche Kabine im Rover-Modus.

2801-R1
NASA

← **Dreharbeiten in der Wüste**
Der Rover, der in Ridley Scotts Film *Der Marsianer* von 2015 zum Einsatz kam, wurde von MMSEV-Konzepten inspiriert. Viele Szenen wurden im Wadi-Rum-Tal in der jordanischen Wüste gedreht – ein passabler Ersatz für den Mars, wenn man von der Hitze und den gelegentlichen Anzeichen von Vegetation absieht. Der Film-Rover ist jetzt im Königlichen Automobilmuseum in Amman, Jordanien, ausgestellt.

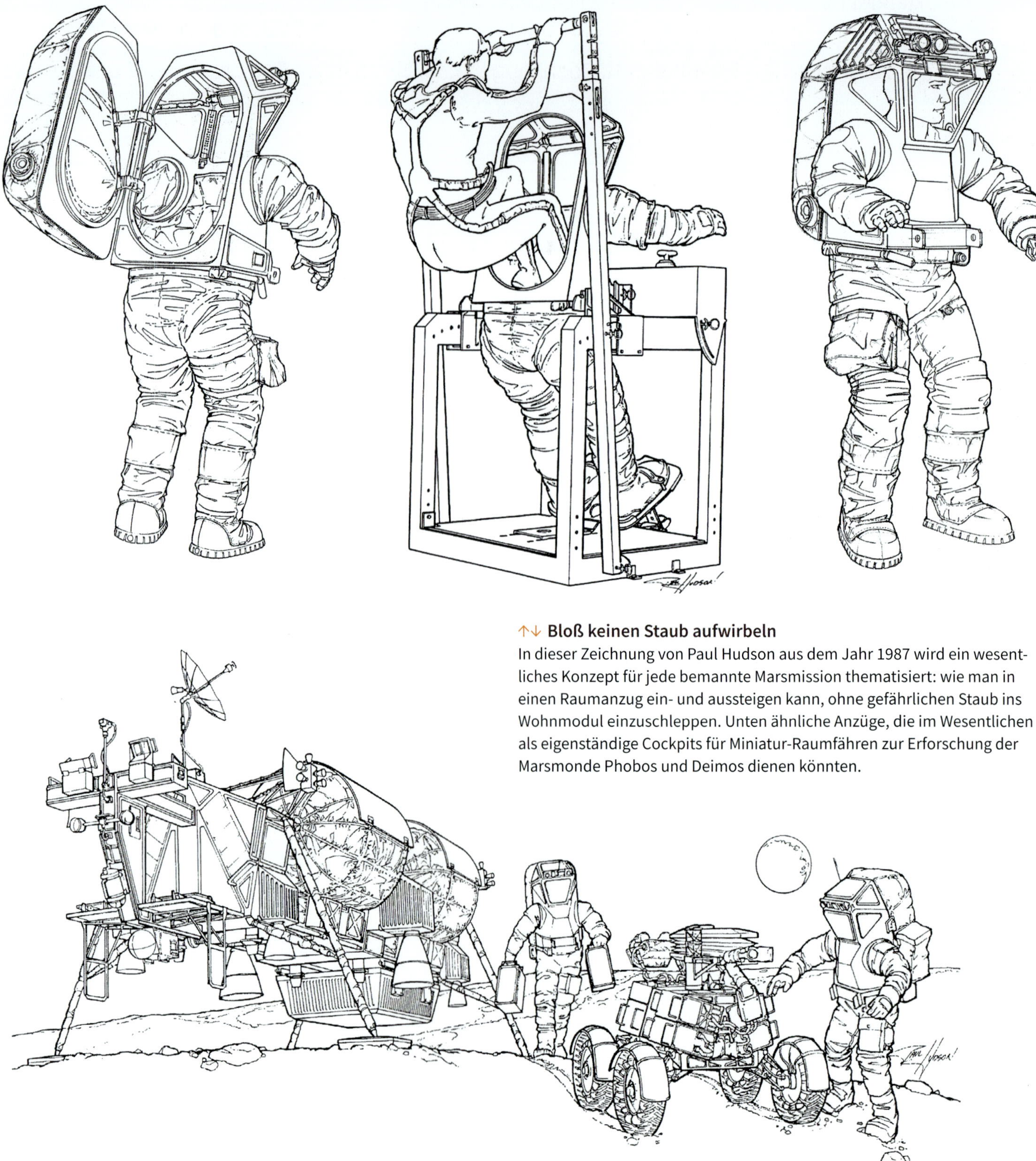

↑↓ **Bloß keinen Staub aufwirbeln**
In dieser Zeichnung von Paul Hudson aus dem Jahr 1987 wird ein wesentliches Konzept für jede bemannte Marsmission thematisiert: wie man in einen Raumanzug ein- und aussteigen kann, ohne gefährlichen Staub ins Wohnmodul einzuschleppen. Unten ähnliche Anzüge, die im Wesentlichen als eigenständige Cockpits für Miniatur-Raumfähren zur Erforschung der Marsmonde Phobos und Deimos dienen könnten.

» Auf dem Mars sind zahllose Sonden gelandet, es wurde geschaufelt, gebohrt und sogar mit dem Laser wurde er traktiert. Was jetzt noch fehlt: Der Mars wird von Menschen betreten ... Denn der beste Weg, den Mars zu erforschen, ist mit den Händen, Augen und Ohren eines Geologen auf der Oberfläche. «

Apollo-11-Astronaut Buzz Aldrin, September 2015

↑ **Einmann-Raumschiffe**
Eine weitere Zeichnung von Paul Hudson, ebenfalls von 1987, zeigt Astronauten, die den Mars in den schon dargestellten Raumanzügen erforschen. Hudson und sein Mitautor Brand Norman Griffin bezeichneten sie als Command-Control Pressure Suit (CCPS). Dieser Anzug war ein wichtiger Vorläufer des heutigen Konzepts halbstarrer Anzüge mit aufklappbaren Rückentornistern zum Andocken an Rovern und Habitaten.

← ↓ Kniebeuge

Der Prototyp des Z-1-Raumanzugs der NASA bietet mehr Mobilität als je zuvor bei der Erforschung des Weltraums. Er verfügt über neue Schulter-, Ellbogen-, Knie- und Hüftgelenke, die es den Trägern ermöglichen, sich mit Leichtigkeit zu bücken, zu gehen und sich auf ein Knie abzustützen – alles wichtige Kriterien für Marsforscher, die Proben sammeln oder sich in unwegsamem Gelände bewegen. Der Z-1 verfügt außerdem über eine »Suit Port«-Luke auf der Rückseite. Das Grafik unten verdeutlicht das Schleusen-Konzept nochmals.

← Irdische Versuche

2009 begaben sich Ingenieure und Wissenschaftler aus acht NASA-Zentren in die Wüste von Arizona, um mit potenziellen Rover-Technologien und »Suit Ports« zu experimentieren, die verhindern sollen, dass Staub in die unter Druck stehenden Mannschaftsräume eindringt. Im Bild links docken zwei Rover aneinander an, um ein temporäres Basislager zu errichten.

NASA

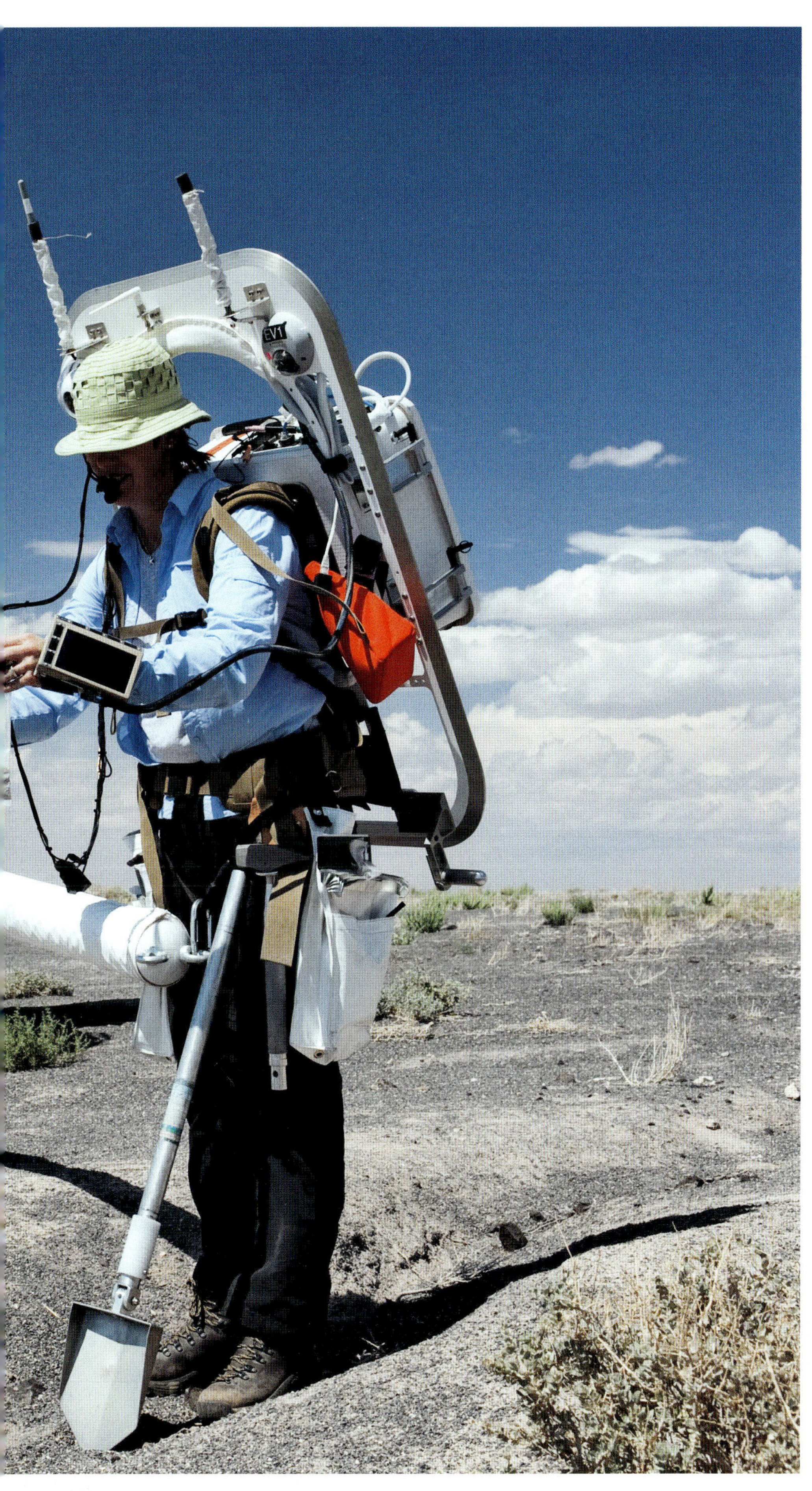

← **Erste Versuche**
Die Hochwüste im Norden von Arizona bietet einem NASA-Team für Forschung und Technologiestudien mit ihrem Rover im Juni 2015 ein recht realistisches, raues und abgelegenes Testgelände.

» Zu untersuchen, ob es Leben auf dem Mars gibt oder wie das Universum seinen Ursprung nahm – es hat etwas Magisches, die Grenzen des Wissens immer weiter hinauszuschieben. Das ist Teil des Menschseins und ich bin sicher, dass dies auch immer so sein wird. «

Sally Ride, erste Amerikanerin im Weltraum, Februar 2003

←← **Bergsteigen auf dem Mars**
Zwei Kletterszenen auf dem Mars, dargestellt von dem NASA-Künstler Pat Rawlings (links) und dem Zeichner und Ingenieur Paul Hudson (rechts). Letzterer gehörte zu denen, die erkannten, dass die herkömmlichen Raumanzüge für den Einsatz auf dem Mars überarbeitet werden müssten.

↑ **Erkundung des Labyrinths**

Auf diesem Gemälde von Pat Rawlings aus dem Jahr 1988 erkunden Astronauten auf dem Mars einen Canyon in Noctis Labyrinthus, einer zerklüfteten Region westlich der Valles Marineris. Kurz nach Sonnenaufgang verhüllt Morgennebel den Schluchtenboden weiter unten.

↑ **Wie Perry Rhodan**
Mitte der 1960er-Jahre entstandene Darstellung von Robert McCall ganz im Stil der Zeit. Astronauten mit raketengetriebenen Rucksäcken gehen auf Ideen der Ingenieure der *Apollo*-Ära zurück. Heute wissen wir, dass auf dem Mars andere Raumanzüge vonnöten sind.

→ **Komfortabel oder widerstandsfähig?**
Das hautenge Anzugskonzept der NASA-Ingenieurin Dava Newman inspirierte die Raumanzüge im Film *Der Marsianer* von 2015. Diese Idee hat viele Vorteile, wie Komfort und Flexibilität, aber ein robusterer Anzug ist für Marsforscher, die jeden Tag in schwierigem Gelände arbeiten, vermutlich realistischer.

← **Mars auf der Erde**
Die Geologin Helga Kristín Torfadóttir testet 2019 einen Mars-Simulationsanzug auf der isländischen Vatnajökull-Eiskappe. Der Anzug wurde von Michael Lye, einem NASA-Mitarbeiter an der Rhode Island School of Design (RISD), entworfen. Dies ist nur eines von vielen Experimenten, die in marsähnlichem Terrain durchgeführt werden.

← **Roboter oder Menschen?**
Der NASA-Roboter R5 Valkyrie ist einer der fortschrittlichsten humanoiden Roboter der Welt. Ein Prototyp entstand 2013 und drei Einheiten werden nun in Zusammenarbeit mit verschiedenen Universitäten und externen Studienteams erprobt. Ob in Zusammenarbeit mit Astronauten oder allein, Roboter werden bei der Erforschung des Mars eine wichtige Rolle spielen.

↑→ Bauen von innen nach außen
Der polnische Architekt Wojciech Fikus hat für den Wettbewerb »Marsception« 2018 ein sehr glaubwürdiges Konzept entworfen, bei dem ein Landemodul den Mittelpunkt einer Gruppe von aufblasbaren Habitaten bildet. Entsprechend robuste Materialien wurden bereits im Weltraum getestet.

» Es gibt keinen Ort, an den wir nicht gelangen können. Und in diesem Glauben brechen wir voller Zuversicht in andere Welten auf. Und was werden wir mit ihnen machen? Über sie herrschen oder von ihnen beherrscht werden. Das ist die einzige Idee, die in unseren armseligen Köpfen steckt. Was für eine Verschwendung! «

Stanislaw Lem, *Solaris*, 1961

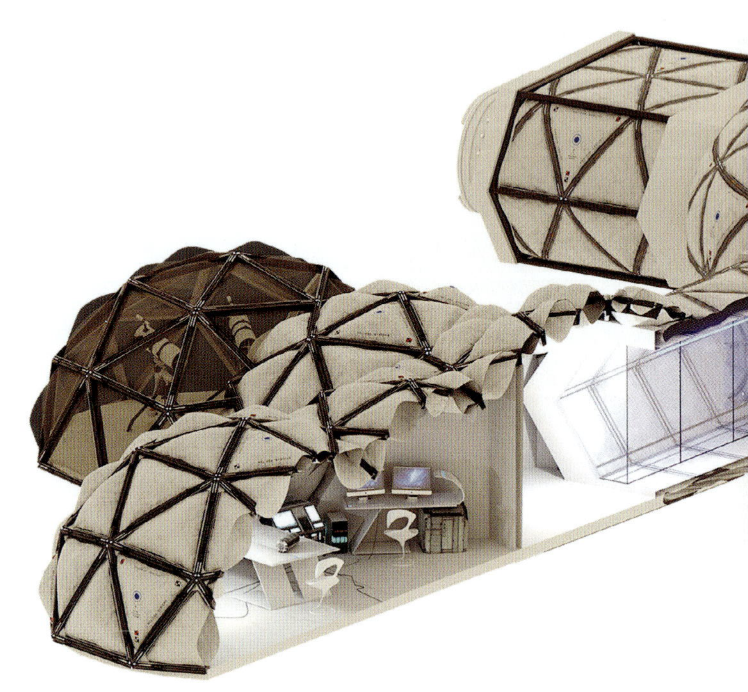

← Nützlich für Mars oder Erde
Das New Yorker Bauunternehmen AI Space Factory hat den NASA Centennial Challenge 2019 mit einem Projekt gewonnen, bei dem Basaltgestein vom Mars in Fasern für Habitatstrukturen verwandelt werden soll. Solche groß angelegten Konstruktionen auf einer weit entfernten Welt werden vielleicht nie realisierbar sein, aber solche Ideen können ähnliche Projekte auf der Erde inspirieren, wo sie von unmittelbarerem praktischen Wert wären.

» Die Zukunft ist viel spannender und interessanter, wenn wir eine raumfahrende Spezies mit mehreren Planeten sind, als wenn wir es nicht sind. Wir wollen uns inspirieren lassen. Wir wollen morgens aufwachen und denken, dass die Zukunft großartig sein wird. Und ich kann mir nichts Aufregenderes vorstellen, als hinauszugehen und zwischen den Sternen zu sein. «

SpaceX-Gründer Elon Musk, September 2017

→ **Gleicher Traum, anderes Jahrhundert**
So stellt sich Mac Rebisz eine Forschungsstation auf Phobos vor, dem größeren der beiden winzigen Marsmonde. Dieser unregelmäßig geformte Felsen ist 27 km lang und 22 km breit. Seine Ursprünge sind nicht vollständig geklärt und er könnte durchaus ein Ziel für zukünftige Expeditionen sein. Vergleicht man diese Grafik mit dem Gemälde von John Polgreen aus dem Jahr 1958 am Anfang des Buches, so stellt sich die Frage: Müssen wir noch ein halbes Jahrhundert warten, bis diese Szene Wirklichkeit wird?

← **Unternehmerische Ambitionen**
SpaceX-Gründer Elon Musk hat mit den vollständig wiederverwendbaren Dragon-Crew-Kapseln bemerkenswerte Erfolge erzielt – sie versorgen nun regelmäßig die Internationale Raumstation ISS. Nicht umsonst nimmt er jetzt in Zusammenarbeit mit der NASA den Mars ins Visier.

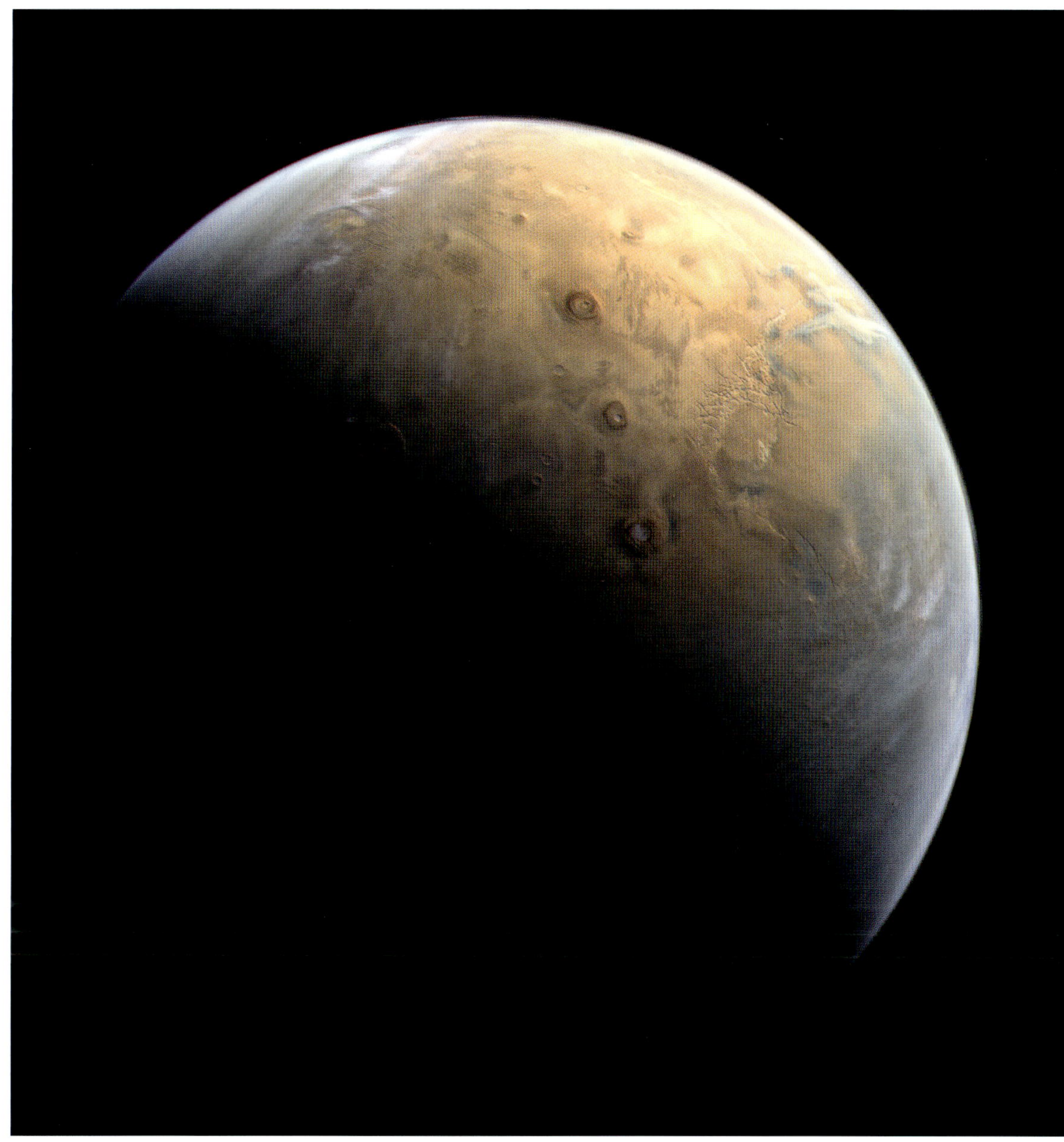

← Ein neuer Akteur tritt auf
Die Vereinigten Arabischen Emirate (VAE) haben am 9. Februar 2021 einen historischen Meilenstein erreicht, der sicherlich die gesamte arabische Welt inspirieren wird. Eine kleine, aber gut ausgerüstete Sonde namens *Hope* hat eine Umlaufbahn um den Mars erreicht und untersucht nun das Klima und die Atmosphäre. Dies ist der erste Blick von *Hope* auf den Mars, aufgenommen vom 12-Megapixel Emirates Exploration Imager (EXI) an Bord der Sonde. Die vier riesigen Vulkane des Mars sind deutlich zu erkennen.

← Gleicher Traum, anderes Jahrhundert
Das Jet Propulsion Laboratory (JPL) veröffentlicht gelegentlich inspirierende Poster, um das Interesse an seinen interplanetarischen Ambitionen zu wecken bzw. zu erhalten. Diese Grafik aus dem Jahr 2020 ist eine weitere Variation eines Themas, das die Weltraumfans immer wieder beschäftigt: ein Astronaut auf dem Mars. Wird der Wunsch eines Tages in Erfüllung gehen?

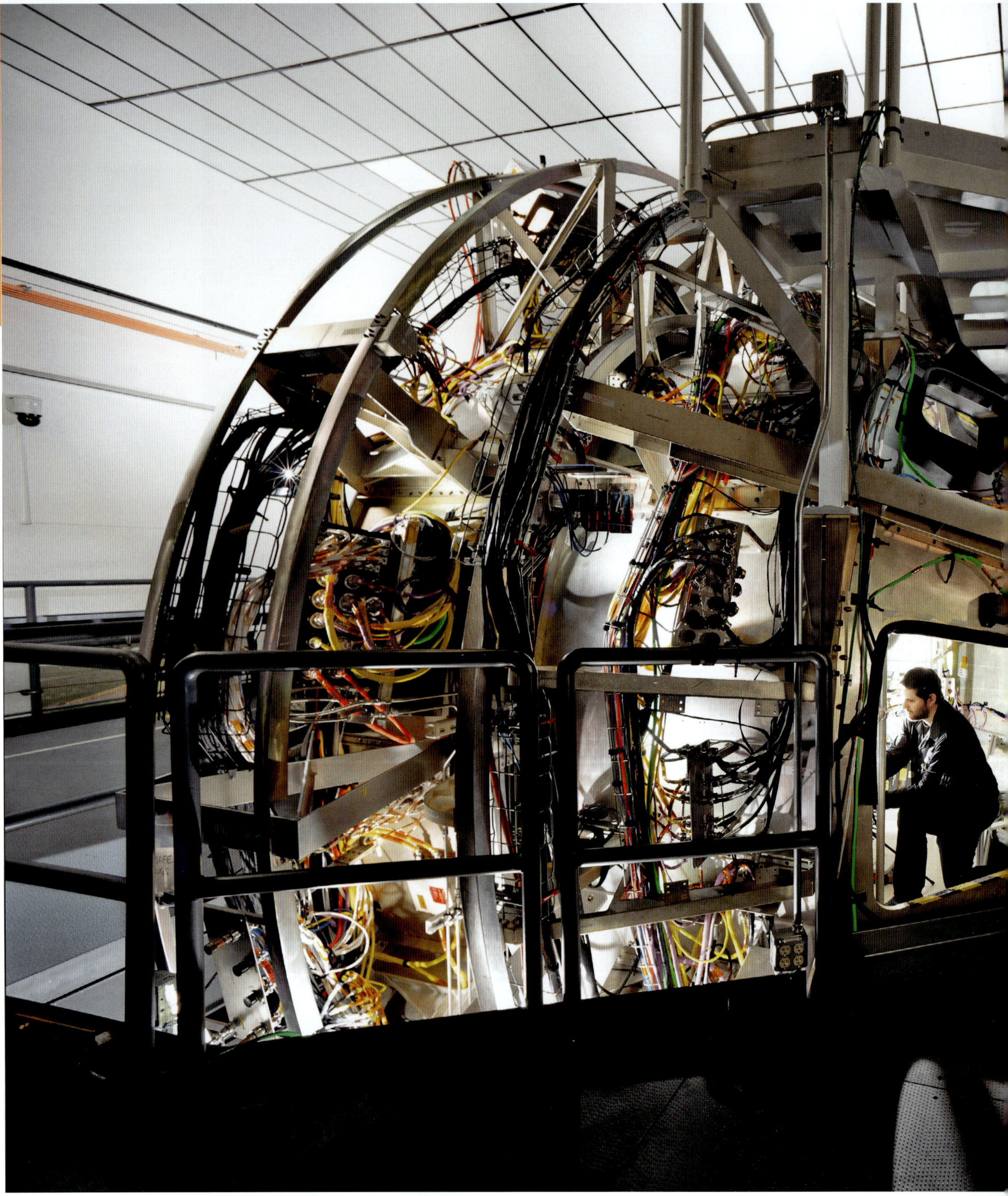

←→ Eröffnung der Orion-Ära
Das neueste Raumfahrt-Programm der NASA basiert auf einem kegelförmigen Raumschiff namens *Orion*. Die ersten Missionen werden Richtung Mond gehen, aber man hofft, dass Orion auch eine wichtige Rolle bei künftigen Mars-Expeditionen spielen wird. Die Grafik (Folgeseite) stammt von Lockheed Martin, dem Unternehmen, das den Bau von *Orion* verantwortet. Links prüft ein Techniker die Verkabelung eines Prototyps.

NASA-Missionen zum Mars nach Jahr des Starts

1964	*Mariner 3*	(Vorbeiflug)	Startabdeckung nicht abgesprengt
1964	*Mariner 4*	(Vorbeiflug)	lieferte 21 historische erste Nahaufnahmen vom Mars
1969	*Mariner 6*	(Vorbeiflug)	funkte 75 Bilder zur Erde
1969	*Mariner 7*	(Vorbeiflug)	funkte 126 Bilder zu Erde
1971	*Mariner 8*	Fehlstart	
1971	*Mariner 9*	funkte 7.329 Bilder zur Erde	
1975	*Viking 1 & 2*	Zwillingsorbiter lieferten über 50.000 Bilder, Lander lieferten Bilder und suchten nach Leben	
1992	*Mars Observer*	Vor der Ankunft am Mars verloren	
1996	*Mars Global Surveyor*	Kartierte den Mars und seine Topografie fast ein Jahrzehnt lang	
1996	*Mars Pathfinder*	Hielt fünfmal länger als erwartet	
1998	*Mars Climate Orbiter*	Kontaktverlust bei Ankunft	
1999	*Mars Polar Lander*	Kontaktverlust bei Ankunft	
2001	*Mars Odyssey*	Hochauflösende Bilder vom Mars	
2003	Mars-Erkundungsrover	*Spirit* war 6 Jahre lang tätig, *Opportunity* 15 Jahre lang	
2005	*Mars Reconnaissance Orbiter*	Über 400 Terabits an Daten übermittelt	
2007	*Phoenix Mars Lander*	Fünf Monate lang wurde der Landeplatz am Nordpol untersucht	
2011	*Mars Science Laboratory*	Der Curiosity-Rover erkundet die Region des Gale-Kraters	
2013		Marsatmosphäre und Entwicklung der flüchtigen Bestandteile Erforschung der Marsatmosphäre	
2018	*Mars InSight Lander*	Untersuchung von »Marsbeben« und dem Inneren des Planeten	
2020	*Mars 2020 Perseverance*	Suche nach Anzeichen von altem Leben und Sammeln von Gesteinsproben für eine zukünftige Lieferung zur Erde	

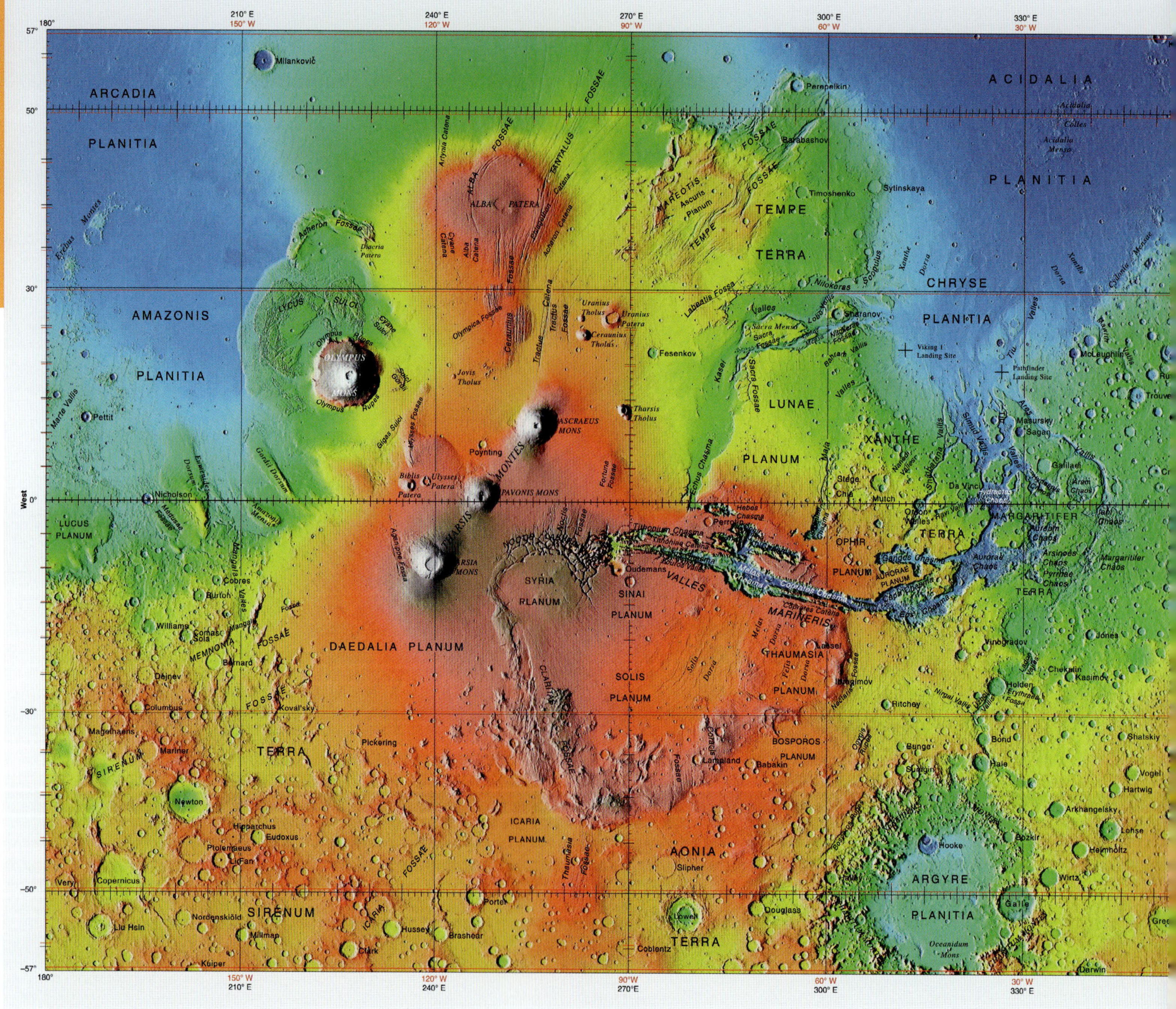

↑ **Was und wo auf dem Mars**

Diese offizielle Marskarte wurde 2014 vom United States Geological Survey (USGS) in Zusammenarbeit mit der NASA erstellt. Die Informationen wurden aus einer Vielzahl von Datensätzen abgeleitet, darunter Radarmessungen des Marsgeländes, die 1999 mit dem Mars Orbiter Laser Altimeter (MOLA) auf Mars Global Surveyor gewonnen wurden, die von September 1997 bis November 2006 in der Marsumlaufbahn betrieben wurde.

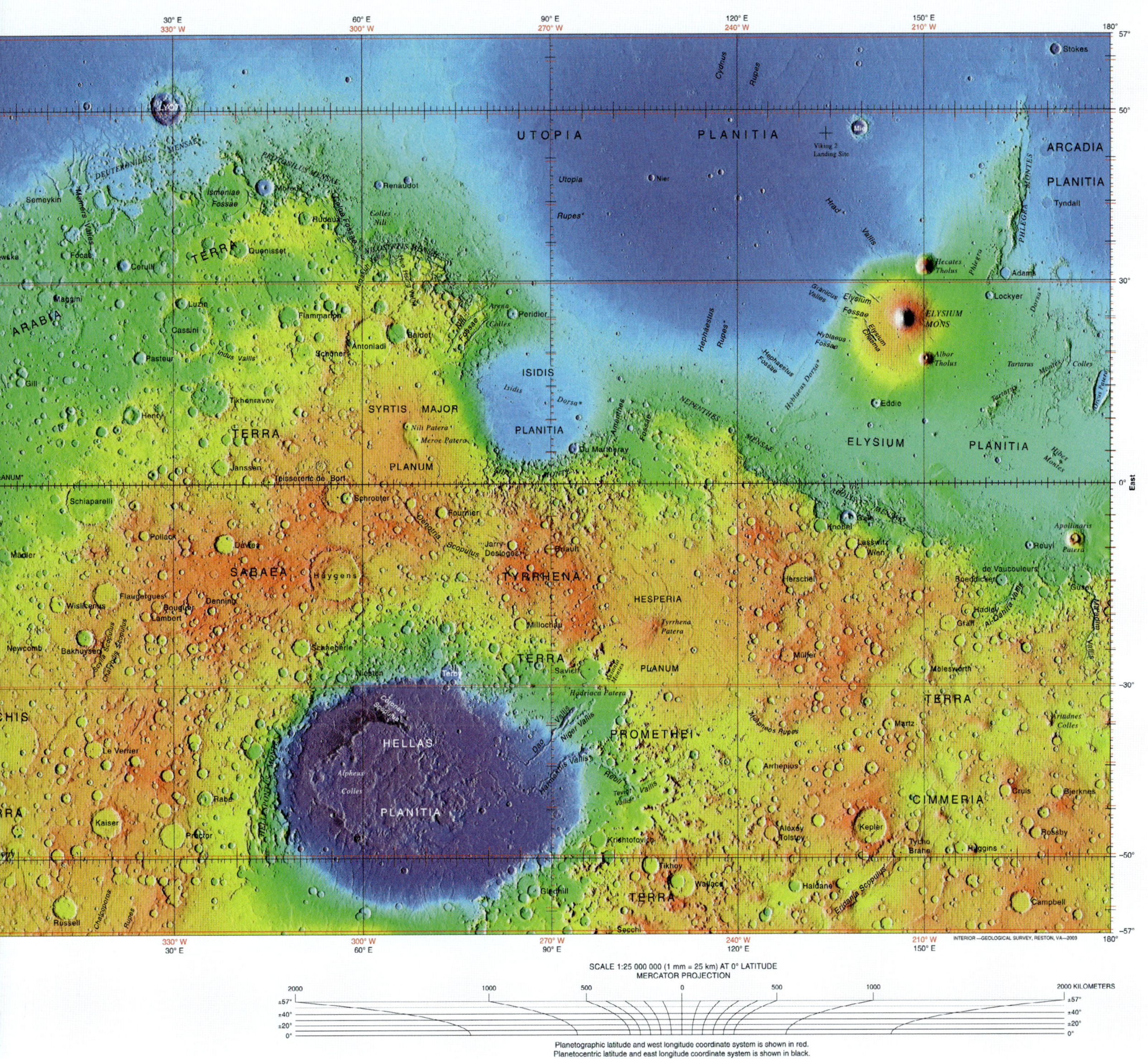

30° E
330° W
60° E
300° W
90° E
270° W
120° E
240° W
150° E
210° W
180°
57°
50°
30°
0°
East
-30°
-50°
-57°
Stokes
Lyot
UTOPIA
PLANITIA
Cydnus
Rupes
Mie
Viking 2 Landing Site
ARCADIA
PLANITIA
Tyndall
DEUTERONILUS MENSAE
PROTONILUS MENSAE
Semeykin
Ismeniae Fossae
Moreux
Renaudot
Utopia
Rupes
Nier
Hrad
Vallis
Colles Nili
Rudaux
TERRA
Quenisset
Focas
Coruli
Hecates Tholus
Adams
Lockyer
Maggini
Luzin
ARABIA
Cassini
Flammarion
Arena Colles
Peridier
Granicus Valles
Elysium Fossae
ELYSIUM MONS
Elysium Chasma
Hyblaeus Fossae
Hephaestus Rupes
Hephaestus Fossae
Albor Tholus
Tartarus
Colles
Antoniadi
Baldet
Schöner
Pasteur
Indus Vallis
ISIDIS
Isidis
Dorsa
PLANITIA
Gill
Tikhonravov
Henry
SYRTIS MAJOR
Nili Patera
Meroe Patera
PLANUM
TERRA
Janssen
Du Martheray
Amenthes Fossae
NEPENTHES MENSAE
Eddie
ELYSIUM
PLANITIA
Teisserenc de Bort
Schiaparelli
Schroeter
Fournier
Apollinaris Patera
Pollack
Davies
Oenotria Scopulus
Jarry-Desloges
Briault
Knobel
Gale
Lasswitz
Wien
Reuyl
Madler
SABAEA
Huygens
TYRRHENA
Herschel
de Vaucouleurs
Boeddicker
Gusev
Flaugergues
Wislicenus
Bouguer
Denning
Lambert
HESPERIA
Tyrrhena Patera
Millochau
Hadley
Graff
Al-Qahira Vallis
Ma'adim Vallis
Newcomb
Bakhuysen
Schaeberle
TERRA
Savich
PLANUM
Müller
Molesworth
Niesten
Terby
Hadriaca Patera
Coronae Scopulus
HELLAS
Dao Vallis
Niger Vallis
PROMETHEI
Mykenus Rupes
Martz
TERRA
Ariadnes Colles
Le Verrier
Alpheus Colles
Harmakhis Vallis
Reull Vallis
Teviot Vallis
Arrhenius
Rabe
PLANITIA
CIMMERIA
Cruls
Bjerknes
Kaiser
Proctor
Krishtofovich
Alexey Tolstoy
Kepler
Rossby
Tycho Brahe
Huggins
Tikhov
Wallace
Haldane
Eridania Scopulus
Greenhill
TERRA
Campbell
Russell
Secchi
330° W
30° E
300° W
60° E
270° W
90° E
240° W
120° E
210° W
150° E
180°
INTERIOR—GEOLOGICAL SURVEY, RESTON, VA—2003
SCALE 1:25 000 000 (1 mm = 25 km) AT 0° LATITUDE
MERCATOR PROJECTION
2000
1000
500
0
500
1000
2000 KILOMETERS
±57°
±40°
±20°
0°
Planetographic latitude and west longitude coordinate system is shown in red.
Planetocentric latitude and east longitude coordinate system is shown in black.

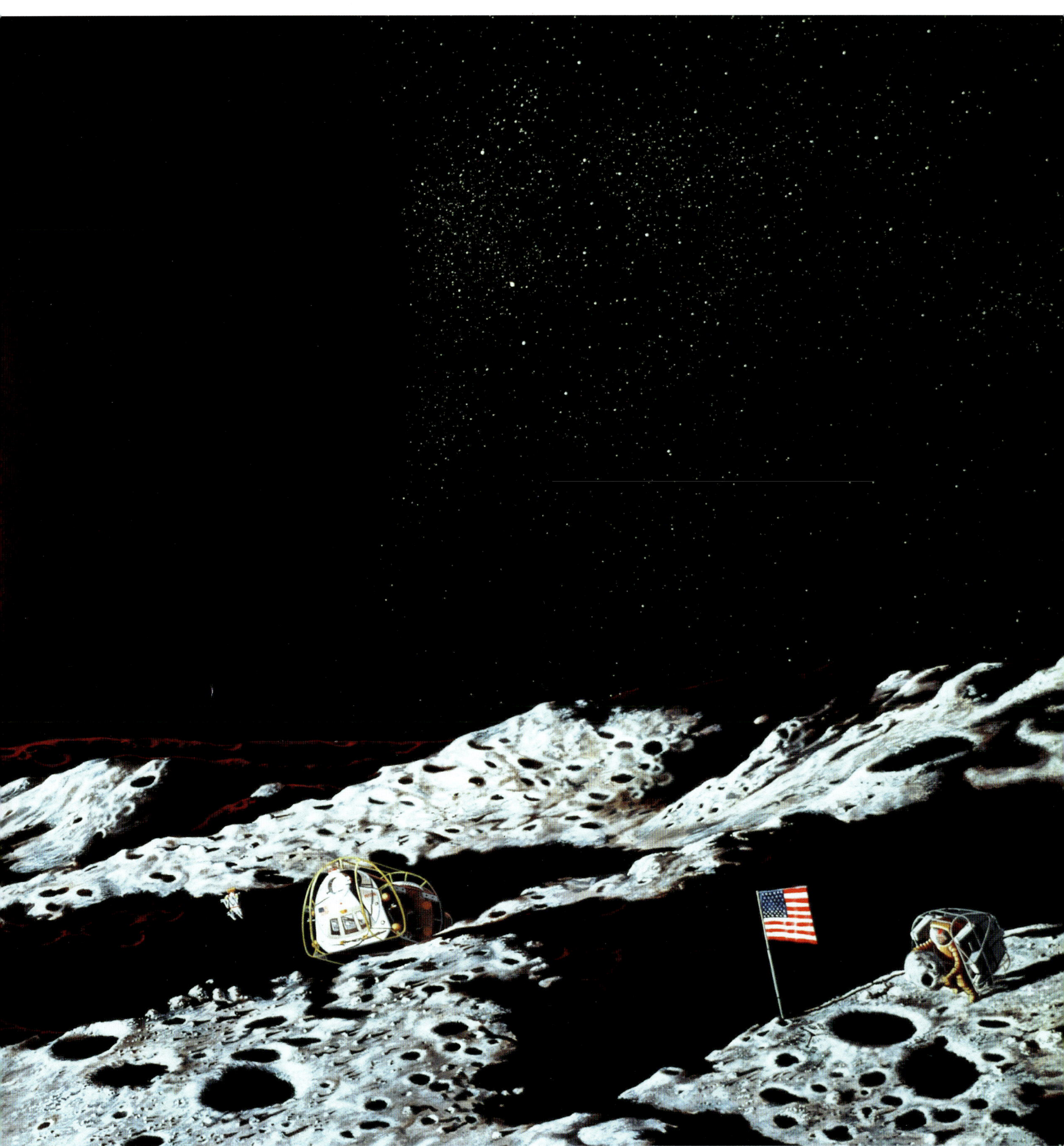

↑ **Besuch auf dem Marsmond**
Der NASA-Künstler Pat Rawlings schuf 1988 diese Vision eines Astronauten mit einem persönlichen Raketenrucksack, der über den winzigen Marssatelliten Phobos gleitet.

Register

Danksagung und Quellen

Die meisten Bilder in diesem Buch stammen aus NASA-Archiven. Ich möchte dem NASA-Hauptquartier in Washington, D.C., für die Zusammenarbeit danken, dem Johnson Space Center (JSC) in Houston, Texas, für das Material zur bemannten Raumfahrt in der Vergangenheit, Gegenwart und Zukunft, und allen Mitarbeitern des Jet Propulsion Laboratory (JPL) in Pasadena, Kalifornien, für alle Bilder vom Mars, die von Robotermissionen stammen, die vom JPL entworfen, gebaut und betrieben werden. Dank an Justin Cowart von der State University of New York in Stony Brook für die zusätzliche Bildbearbeitung der JPL-Bilddaten.

Für die deutsche Ausgabe dankt der Motorbuch Verlag Dr. Tilmann Althaus, Redaktion „Sterne und Weltraum", für die freundliche Mitarbeit und Unterstützung.

Wie in meinem Vorwort erwähnt, gehören weitere Bildnachweise den folgenden Personen und Organisationen:

AI Space Factory; Erik Askin; Andrew Chaikin; China Space Agency (CSA); Carter Emmart; Emirates Mars Mission/Mohamed Bin Zayed; Europäische Weltraumorganisation (ESA); Wojciech Fikus; John Frassanito & Associates; David A. Hardy; Heritage-Auktionen; Dave Hodge/Unexplored Media; Paul Hudson; Lockheed Martin; Robert McCall Studio; Dava Newman; Bruce Pennington; Pat Rawlings; Maciej Rebisz; SpaceX; Der Marsianer, © 2015. Twentieth Century Fox, all rights reserved; United States Geological Survey; James Vaughan.

Impressum

Einbandgestaltung: schreiber VIS, Joachim Schreiber

Redaktion und Bearbeitung: Alexander Burden
Deutsche Bearbeitung, fachliche Mitarbeit und Durchsicht:
Dr. Tilmann Althaus

ISBN: 978-3-613-04703-7

Sie finden uns im Internet unter:
www.motorbuch-verlag.de

1. Auflage 2024

Die Originalausgabe erschien 2022 bei Quarto Publishing, The Quarto Group, unter dem Titel „NASA Missions to Mars".

Layout, Satz und Prepress: schreiberVIS, Joachim Schreiber, Seeheim
Druck und Bindung: Conzella, 85609 Aschheim-Dornach
Printed in Germany

DAS MAGAZIN FÜR LUFT- UND RAUMFAHRT

Neben spektakulären Reportagen aus der Welt der Luft- und Raumfahrt findet man in der FLUG REVUE ausführliche Analysen zu den aktuellen weltweiten Entwicklungen bei Fluggesellschaften, Flughäfen, Herstellern, Militärluftfahrt, Raumfahrt und Technik.